Mohammed Nadhir MEBARKI

Compactação de solos agrícolas

Mohammed Nadhir MEBARKI

Compactação de solos agrícolas

Mecanização e compactação do solo

ScienciaScripts

Cover image: www.ingimage.com

This book is a translation from the original published under ISBN 978-613-8-49347-1.

Publisher:
Sciencia Scripts
is a trademark of
Dodo Books Indian Ocean Ltd. and OmniScriptum S.R.L publishing group

120 High Road, East Finchley, London, N2 9ED, United Kingdom
Str. Armeneasca 28/1, office 1, Chisinau MD-2012, Republic of Moldova, Europe
Printed at: see last page
ISBN: 978-620-8-26657-8

ÍNDICE DE CONTEÚDOS

INTRODUÇÃO

A Argélia vive, desde há meio século, uma forte dinâmica demográfica que perturbou diversos equilíbrios económicos, sociais e naturais e exerceu uma forte pressão sobre os recursos agrícolas disponíveis. Por conseguinte, o país regista atualmente um desequilíbrio importante na sua balança comercial agrícola, o que conduz a uma dependência alimentar extremamente elevada em relação ao estrangeiro, nomeadamente no que diz respeito aos cereais. **(Chabane e Boussard, 2012).**

Nos últimos 50 anos, as práticas agrícolas continuaram a intensificar-se com o objetivo de aumentar a produtividade e minimizar os custos de produção. Isto inclui a utilização maciça de factores de produção (fertilizantes e pesticidas) e o aumento da mecanização (máquinas mais potentes, lavoura mais intensiva). Consequentemente, o solo está sujeito a uma série de ameaças que se pensa conduzirem a uma deterioração das suas funções agronómicas e ambientais. Estas ameaças incluem uma redução dos níveis de matéria orgânica e da biodiversidade, bem como um aumento da erosão e da compactação dos solos agrícolas **(Lefebvre, 2010).**

Com exceção dos prados sobrepastoreados, a compactação dos solos deve-se à mecanização da agricultura e da silvicultura, que implica a passagem de máquinas pesadas em condições de humidade. Juntamente com a erosão, este fenómeno é um dos principais processos de degradação física dos solos na Europa. Uma superfície de 33 milhões de hectares é atualmente afetada, ou seja, 4% da superfície terrestre **(Amara et al., 2008)**, contra 12% no caso da erosão hídrica.

O impacto da compactação do solo varia muito em função do tipo de sistema de cultivo. Nas culturas arvenses, as pressões exercidas são baixas (30 kPa) durante a sementeira ou a preparação do solo. São muito elevadas durante a colheita e o transporte (150 ou mesmo 200 kPa). Nas vinhas, as pressões são médias. Nas vinhas, as pressões são médias (60 kPa) a elevadas (100 kPa), mas alguns aviões de grande porte podem ter pressões muito elevadas (280 kPa). Nas florestas, as máquinas utilizadas exercem pressões médias (60 kPa) a muito elevadas (190 kPa) aquando do abate ou do arrastamento da madeira **(Roger-Estrade et al., 2011)**.

Nos últimos anos, este problema tem suscitado um interesse renovado. Com efeito, a degradação da qualidade dos solos agrícolas é um risco que afecta atualmente todos os solos do mundo (devido à utilização generalizada da mecanização) e que, para além de reduzir a produção, conduz a um aumento do impacto ambiental da agricultura: aumento da lixiviação de nitratos, emissões de óxido nitroso que contribuem para as alterações climáticas, escoamento superficial e erosão dos solos **(Bessou et al., 2010).**

Além disso, a evolução atual dos sistemas de cultivo volta a colocar a compactação no centro das preocupações. Nas culturas arvenses, por exemplo, verifica-se uma tendência para uma menor mobilização do solo, motivada pelo desejo de reduzir os custos de produção e de mecanização, de proteger o solo da erosão ou de favorecer o armazenamento de carbono através da redução da taxa de mineralização da matéria orgânica. No entanto, isto só pode ser feito sem correr demasiados riscos através do controlo da compactação do solo. De facto, ao simplificar a lavoura, limitamos as possibilidades de regenerar a estrutura através da fragmentação por ferramentas. Por fim, a irreversibilidade da degradação do solo causada pela mobilização repetida em condições de humidade suscita preocupações **(Guy, 2012).**

Podem distinguir-se dois tipos de compactação do solo agrícola: a compactação induzida pela passagem de máquinas agrícolas (compactação do solo sob a passagem das rodas) e a compactação induzida pelas técnicas de mobilização do solo (lavoura). Em ambos os casos, os principais factores que influenciam a compactação são: as propriedades do solo (teor de humidade, textura e estrutura), o tipo de solo e o teor de matéria orgânica), as caraterísticas da máquina (peso, tamanho e número de pneus) e as condições de funcionamento da máquina, como a velocidade de condução e a pressão dos pneus **(Nawaz et al., 2013).** A compactação do solo é atualmente favorecida pela mecanização agrícola, com a utilização de máquinas agrícolas cada vez mais pesadas e a introdução de sistemas de cultivo que exigem a colheita e o espalhamento durante a estação húmida **(Batey 2009; Schjønning et al., 2018).**

As máquinas agrícolas pesadas danificam os agregados do solo, aumentam a densidade e o teor de humidade do solo e diminuem a porosidade e a permeabilidade do solo **(Aikins e Afuakwa, 2012; Somasundaram et al., 2018)**. Os principais factores que contribuem para a compactação do solo são as cargas pesadas das rodas e o número de passagens do trator sobre o campo **(Augustin et al., 2020)**. A compactação do solo compromete o arejamento e a capacidade de retenção de água do solo, e induz alterações nas suas propriedades químicas e biológicas **(Ernst e Emmerling, 2013; Moinfar et al.,**

2021), levando à degradação do solo e à redução do rendimento das culturas **(Wozniak, 2020**
Derpsch e Friedrich, 2009; Shah et al., 2017). Os efeitos nocivos da compactação do solo não são apenas visíveis na camada superficial do solo. As camadas mais profundas do solo também são compactadas, o que pode levar à formação de bases de arado que são muito difíceis de remover **(Botta et al., 2018)**. Na agricultura contemporânea, estão a ser envidados esforços para substituir a lavoura intensiva em energia por uma lavoura simplificada, para reduzir o número e a intensidade das operações de lavoura e de afrouxamento, ou mesmo para eliminar completamente estas práticas **(Orzech e Załuski, 2020)**. No entanto, a adoção de sistemas de plantio direto a longo prazo também pode causar camadas compactadas de até 20 cm, caracterizadas por alta densidade aparente, baixa porosidade e alta resistência mecânica. Neste contexto, e a fim de promover o desenvolvimento de uma agricultura sustentável, os efeitos combinados da compactação do solo e da mobilização convencional e simplificada devem ser tidos em conta. Este livro aborda a avaliação dos efeitos da compactação do solo e de diferentes sistemas de mobilização na densidade aparente, no teor de água do solo, na resistência à penetração, na taxa de infiltração e na atividade microbiana do solo, e as consequências para o desenvolvimento da cevada e do trigo duro semeados num clima mediterrânico em diferentes texturas de solo.

Este trabalho está organizado em dois capítulos: **Capítulo 01**, que trata do estudo da compactação de solos agrícolas em laboratório. O objetivo é analisar o efeito da intensidade de compactação na estrutura do solo e as suas consequências no desenvolvimento radicular de três variedades de trigo duro, bem como o estudo da compressibilidade do solo em função da variação da humidade.

O capítulo 02 da parte experimental centrou-se na análise do efeito combinado da compactação do solo e das técnicas de cultivo (mobilização convencional e sementeira direta) sobre o comportamento físico-mecânico do solo e o seu impacto sobre as caraterísticas morfológicas da cevada, bem como sobre o desenvolvimento radicular e o rendimento. Esta experimentação foi efectuada no ITGC de Oued Smar, em Argel.

CAPÍTULO 1
ESTUDO LABORATORIAL DA COMPACTAÇÃO DE SOLOS AGRÍCOLAS

Introdução

A produtividade reduzida dos cereais em solos compactados resulta principalmente de taxas reduzidas de alongamento das raízes e, por conseguinte, de um acesso limitado à água e aos nutrientes, quando em solos compactados o crescimento das raízes é reduzido devido à elevada resistência à penetração do solo. Para estudar o efeito da compactação no desenvolvimento do trigo duro e o seu impacto no sistema radicular, realizámos dois ensaios laboratoriais neste capítulo. A escolha desta cultura é ditada pelo facto de a produção de trigo e de cereais na Argélia não ser muito exigente.

1.1.Materiais utilizados

Foi utilizado equipamento específico para a realização desta experiência. Os ensaios foram efectuados no interior de uma estufa agrícola.

1.1.1. Material vegetal

A cultura escolhida para esta experiência foi o trigo duro (três variedades), que foi escolhido devido ao seu sistema radicular bem desenvolvido. A primeira variedade de trigo duro (Triticumdurum, Desf) a ser utilizada é a variedade Mohammed Ben Bachir (MBB). Trata-se de uma variedade local desde 1931, proveniente da Central Station for the Improvement of Field Crops (ITGC 1994). É o resultado de uma seleção genealógica efectuada sobre uma variedade da região setentrional de Sétif **(Kadra, 1974)**. Apresenta palhas altas e ocas e grãos âmbar claros de tamanho médio. Apresenta um ciclo de desenvolvimento tardio, um perfilhamento médio e uma produtividade média. A segunda variedade de trigo duro utilizada é a Bousselam, um cruzamento Heider/MT/Ho do Centro Internacional de Investigação Agrícola nas Zonas Secas (**ICARDA**). Trata-se de uma seleção proveniente da exploração de sementes do ITGC (Sétif). É produtiva e mede 90-100 cm de altura, com um PMF elevado. As suas espigas são semi-largas, brancas com farpas pretas e moderadamente sensíveis ao estilhaçamento. A terceira variedade de trigo duro utilizada, Boutaleb (Hedba 3 X ofanto), provém da estação central de melhoramento das culturas arvenses do ITGC e é cultivada nos planaltos e na planície interior.

1.1.2. A unidade experimental

Cultivámos o trigo em vasos, feitos por nós próprios, para facilitar a observação do desenvolvimento das raízes. Têm uma forma cúbica, com suportes de madeira e Plexiglas na frente e atrás. Escolhemos o polimetacrilato de metilo para podermos apreciar a evolução das raízes. A figura abaixo mostra os vasos utilizados para as nossas plantas:

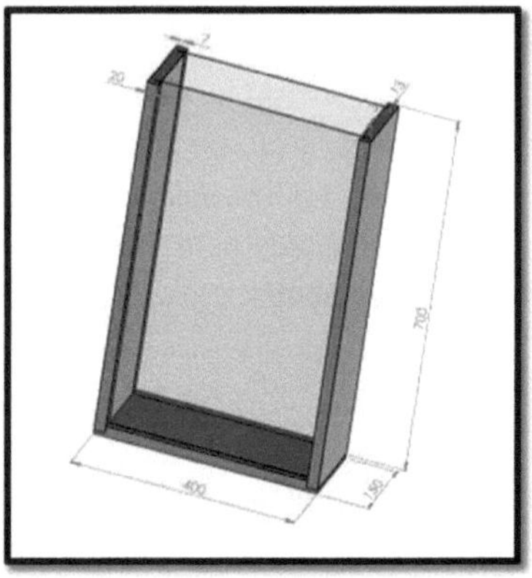

Figura 1: Pote de plexiglas fabricado com o software Solidworks 2016

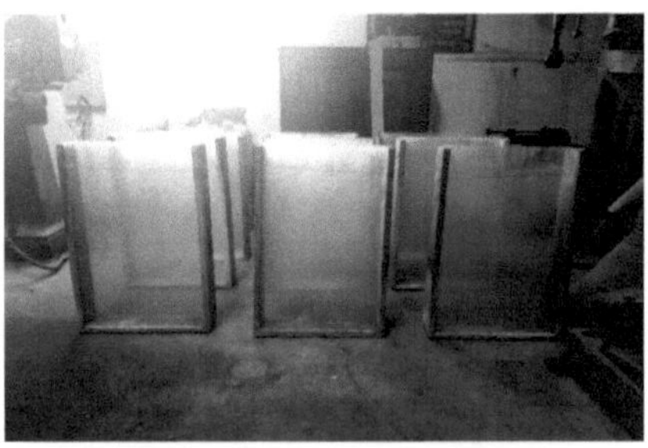

Figura 2: Vasos de plexiglas

1.1.3. A ferramenta de compactação de laboratório

Utilizámos uma prensa hidráulica para compactar o solo. O esquema seguinte mostra a ferramenta utilizada:

Figura 3: A prensa hidráulica

1.2. Metodologia

Naturalmente, foi seguido um plano para esta experiência, desde a primeira fase, que consistiu na preparação das amostras de solo, até à fase final, que consistiu em seguir a última fase onde quantificámos o grau de compactação e os índices de desenvolvimento do trigo e das raízes.

1.2.1. Primeira etapa: preparação das amostras de solo

Antes de semear o trigo, tivemos o cuidado de preparar amostras de solo para encher os vasos. Antes de preparar essas amostras, escolhemos uma textura argilosa para o solo, e a análise do solo deu os seguintes resultados:

Quadro 1: Análise das amostras de solo utilizadas no ensaio

O parâmetro	Tamanho das partículas					Matéria orgânica	Calcário total	pH
	Silte fino	Silte	Areia fim	Areia grossa	Argila			
O valor	41.69%	22.89 %	7.67%	12.46 %	15.29 %	1.19%	1.72%	7.78
La Método	Pipeta de Robinson					Método	Método	pH

O nosso solo pertence à classe textural **argilosa**, com um teor de argila de cerca de **15,29%** e um pH de 7,78. De acordo com o teor de argila, este tem uma influência considerável na suscetibilidade do solo à compactação. O teor de argila do nosso solo situa-se entre 10% e 22%. **(Kouassi 1977).**

1.2.2. Segunda etapa: determinação da taxa de germinação das três variedades de trigo duro

1.2.2.1. Determinação da taxa de germinação

O trigo, como todos os cereais, necessita de uma boa germinação para crescer com sucesso. Para garantir uma boa colheita, é fundamental conhecer a capacidade germinativa das sementes semeadas. A determinação da taxa de germinação em laboratório dá-nos os seguintes valores para dez amostras de 100 sementes.

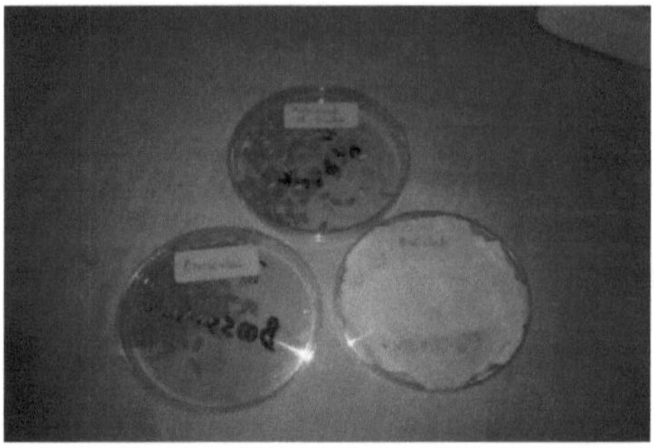

Figura 1: taxa de germinação das três variedades de trigo

Quadro 2: Taxa de germinação de 10 amostras de 100 grãos da variedade mohamed ben bachir

Amostras	1	2	3	4	5	6	7	8	9	10
Taxa de germinação	90	87	90	91	88	90	88	86	90	91

A taxa média de germinação é, portanto, **de 88,1%, o** que é um bom valor.

Quadro 3: taxa de germinação de 10 amostras de 100 sementes da variedade boutaleb

Amostras	1	2	3	4	5	6	7	8	9	10
Taxa de germinação	85	84	87	90	89	88	90	89	85	84

A taxa média de germinação é, portanto, **de 86%**, o que é um bom valor.

Quadro 4: Taxa de germinação de 10 amostras de 100 grãos da variedade Bousselam

Amostras	1	2	3	4	5	6	7	8	9	10
Taxa de germinação	89	88	91	90	89	90	85	89	88	86

➢ **A taxa média de germinação é, portanto, de 88,5%, o que é um bom valor.**

1.2.2. Terceira fase: enchimento dos vasos

Esta fase consistiu em encher os vasos, compactando o solo de acordo com o tipo de compactação. Dividimos os vasos em quatro grupos de seis vasos. No primeiro grupo, deixámos o solo sem compactação. No segundo grupo, compactámos o solo à superfície. No terceiro grupo, compactámos o solo à profundidade dos vasos, e no quarto grupo, compactámos o solo completamente. Cada grupo continha seis vasos, que foram divididos em três variedades e dois níveis de humidade.

➢ **O primeiro grupo**: vasos de controlo: solo não compactado

Figura 5: solo não compactado

➢ **O segundo grupo**: Solo compactado à superfície
➢ **Terceiro grupo**: solos profundamente compactados
➢ **Quarto grupo**: solo totalmente compactado

2.2.3. Quarta fase: acompanhamento da cultura

Os vasos foram colocados numa estufa do Departamento de Engenharia Rural da Escola Nacional Superior Agronómica.

Figura 6: A estufa agrícola no ensaio experimental

1.2.4. Método de determinação do comprimento de plantas e raízes

Consiste em medir o alongamento das raízes e dos caules das plantas em cada vaso, utilizando uma pinça e um metro. Dado que estávamos a trabalhar na estufa em vasos e não no campo, tentámos medir a profundidade máxima de enraizamento atingida pelas raízes das plantas no local, escavando, o que era obviamente mais fácil do que no campo, especialmente porque tínhamos a vantagem de ter vasos feitos de Plexiglas, o que nos permitia apreciar melhor o caminho percorrido pelas raízes.

1.2.5. Método de determinação da densidade radicular

Consiste em colher amostras de terra com raízes numa superfície de 225 cm^2 e na profundidade máxima do vaso. Esta mistura de terra e raízes é colocada numa peneira de malha fina e a terra é retirada com um jato de água. As amostras são então deixadas em água durante 24 horas e lavadas de novo até que toda a terra tenha sido removida. Em seguida, são secas e pesadas.

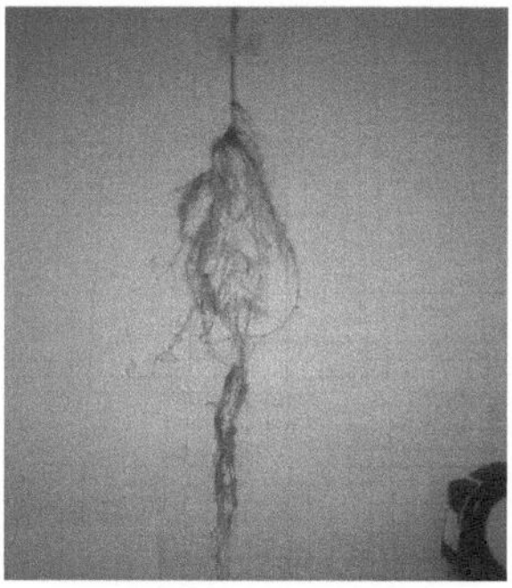

Figura 7: medição da densidade radicular

2.2.6. Escolha dos parâmetros e dos índices

Para analisar o impacto da compactação no desenvolvimento da planta e no sistema radicular, estudaremos o desenvolvimento radicular da planta através da profundidade de enraizamento, da densidade radicular e do alongamento do caule. Estes três parâmetros caracterizam a importância do desenvolvimento radicular e permitirão avaliar a qualidade das raízes em função dos diferentes graus e tipos de compactação do solo, em dois níveis de humidade diferentes e para três variedades de trigo duro.

1.3. Resultados e interpretação

1.3.1. Análise do efeito combinado da compactação e da humidade do solo no crescimento de três variedades de trigo

Variação da altura do caule e da raiz das plantas de trigo em função da compactação e da humidade do solo.

1.3.1.1. Variação da altura do caule do trigo em função do tipo de compactação e da humidade (variedade MBB)

A figura abaixo mostra a variação da altura dos caules do trigo em função do tipo de compactação e da humidade (variedade mohamed ben bachir):

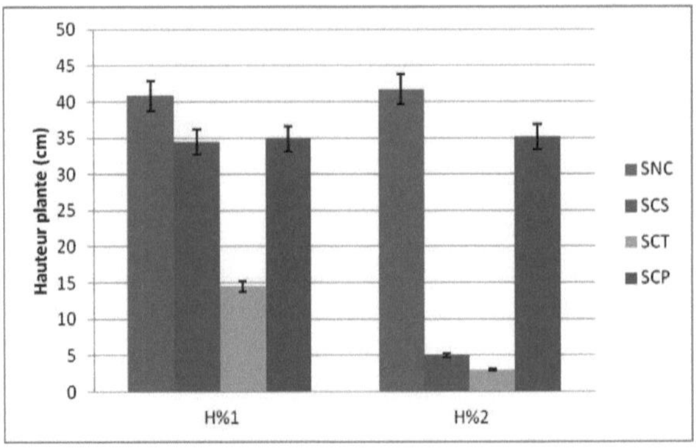

Figura 8: Variação da altura do caule do trigo em função do tipo de compactação e da humidade (variedade mohamed ben bachir)

O desenvolvimento da altura das plantas parece ser diferente para os três tipos de compactação e para a variação do teor de humidade do solo. A melhor altura das plantas de trigo (mohamed ben bachir) foi obtida no primeiro grupo de vasos, onde **não** foi aplicada **qualquer compactação**. Em contrapartida, as menores alturas foram obtidas no segundo e terceiro grupos, onde se aplicou **uma compactação superficial** e **total**, respetivamente. Esta compactação teve certamente um efeito negativo no desenvolvimento da planta, dada a ausência de refinamento do solo e a boa terra fina em que a semente foi colocada após a compactação. No entanto, houve uma grande diferença nas alturas obtidas nos vasos do segundo e terceiro grupos compactados em H% 1 (solo seco), onde registámos os melhores resultados. Isto só pode ser explicado pelo facto de a compactação ter um efeito maior em solos húmidos do que em solos secos.

1.3.1.2. Variação do comprimento da raiz do trigo em função do tipo de compactação e da humidade (variedade mohamed ben bachir)

A figura abaixo mostra a variação do comprimento das raízes do trigo em função do tipo de compactação e da humidade (variedade mohamed ben bachir):

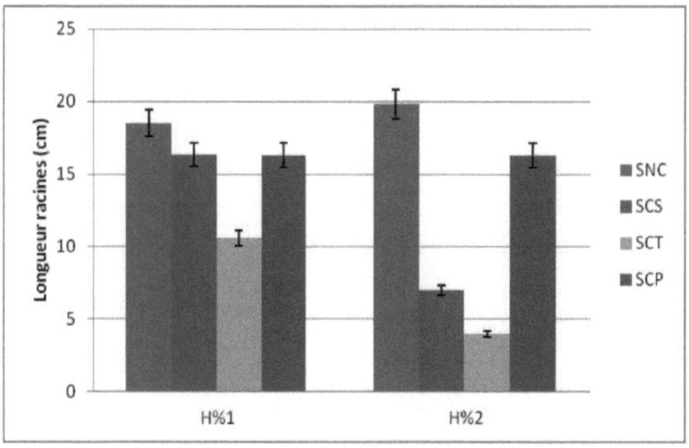

Figura 9: Variação do comprimento da raiz do trigo em função do tipo de compactação e da humidade (variedade mohamed ben bachir)

Os resultados mostram claramente que o desenvolvimento do sistema radicular da variedade de trigo mohamed ben bachir parece ser diferente para os três casos de compactação do solo e teor de humidade. O melhor desenvolvimento radicular foi obtido em solos onde **não** foi aplicada **qualquer compactação.** Ao contrário dos solos onde aplicámos **a compactação superficial** e **a compactação total**, o comprimento da raiz. A compactação teve certamente um efeito negativo no desenvolvimento das raízes. No entanto, houve uma grande diferença entre os valores do comprimento das raízes nas duas séries de vasos do segundo e terceiro grupos compactados a dois níveis de humidade diferentes. Os melhores resultados foram registados nos vasos compactados em estado seco.

1.3.1.3. Variação da densidade radicular do trigo em função do tipo de compactação e da humidade (variedade mohamed ben bachir)

A figura abaixo mostra a variação da densidade radicular do trigo em função do tipo de compactação e da humidade (variedade mohamed ben bachir):

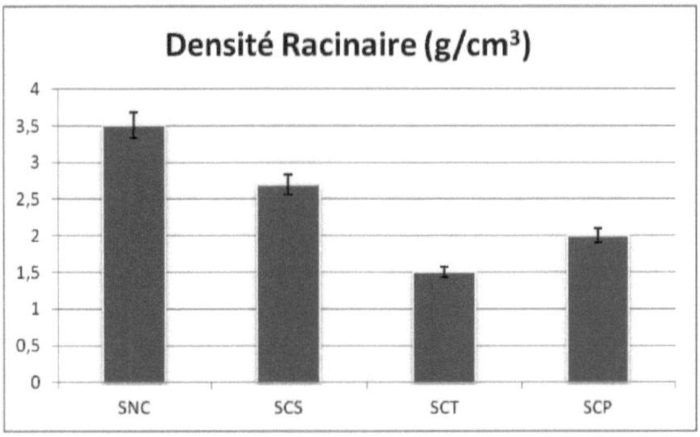

Figura 10: Variação da densidade radicular do trigo em função do tipo de compactação e da humidade (variedade mohamed ben bachir)

O desenvolvimento da densidade radicular parece ser diferente para os diferentes casos de compactação. As melhores densidades de raízes de trigo foram obtidas para o primeiro grupo de vasos, onde **não** foi aplicada **qualquer compactação,** com um valor de **3,5 g/dm³** . Para o segundo grupo de vasos compactados apenas na superfície, registou-se um valor médio de **2,6 g/dm³** . A densidade radicular mais baixa foi obtida para o terceiro grupo, onde aplicámos **uma compactação total**, com um valor de 1,5 g/dm³. Podemos verificar que existe uma relação inversa entre o tipo de compactação e a densidade radicular. No entanto, à medida que o grau de compactação aumenta, registamos valores médios pequenos para a densidade radicular.

1.3.1.4. Variação da altura do caule do trigo em função do tipo de compactação e da humidade (variedade boutaleb)

A figura seguinte mostra a variação da altura dos caules do trigo em função do tipo de compactação e da humidade (**variedade boutaleb):**

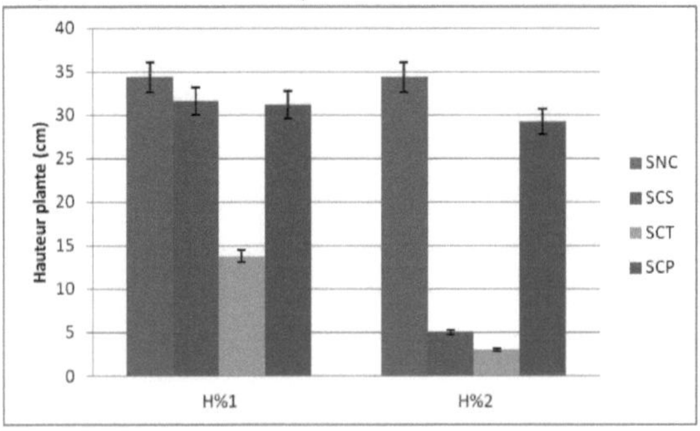

Figura 2: Variação da altura do caule do trigo em função do tipo de compactação e da humidade (variedade boutaleb)

Para a variedade Boutaleb, os resultados obtidos são semelhantes aos da variedade Mohamed Ben Bachir, e mostram que o desenvolvimento da altura das plantas parece ser diferente para os diferentes casos de compactação e humidade do solo. As plantas de trigo mais altas foram obtidas no primeiro grupo de vasos, onde **não** foi aplicada **qualquer compactação**. Por outro lado, as plantas que tiveram dificuldade em ganhar altura foram obtidas no segundo e terceiro grupos, onde aplicámos **compactação superficial** e **compactação total**, respetivamente. Verificou-se também uma grande diferença nas alturas obtidas nos vasos do segundo e terceiro grupos para os dois níveis de humidade.

1.3.1.5. variação do comprimento da raiz do trigo em função do tipo de compactação e da humidade (variedade boutaleb)

A figura abaixo mostra a variação do comprimento das raízes do trigo em função do tipo de compactação e da humidade da variedade boutaleb:

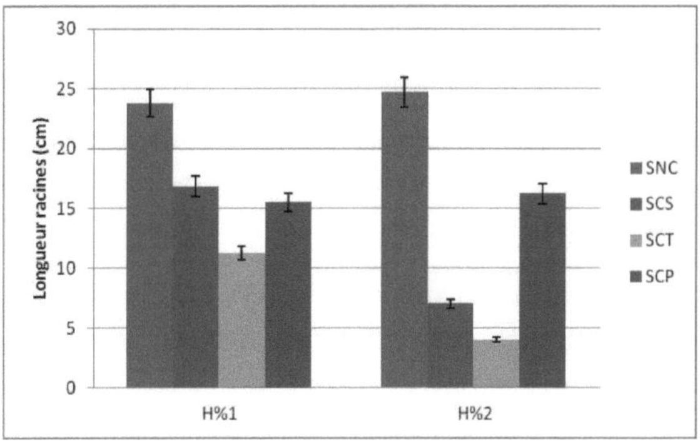

Figura 3: Variação do comprimento da raiz do trigo em função do tipo de compactação e da humidade (variedade boutaleb)

No que diz respeito ao desenvolvimento do sistema radicular, este também parece diferir para os diferentes casos de compactação e teor de humidade do solo. Os melhores resultados foram obtidos para o primeiro grupo de vasos de controlo sem compactação, e obtivemos os piores resultados para o desenvolvimento radicular no segundo e terceiro grupos, onde aplicámos **compactação superficial** e **compactação total**, respetivamente.

1.3.1.6. Variação das raízes do trigo em função do tipo de compactação e da

humidade (variedade boutaleb)

A figura abaixo mostra a variação das raízes do trigo em função do tipo de compactação e da humidade da variedade boutaleb.

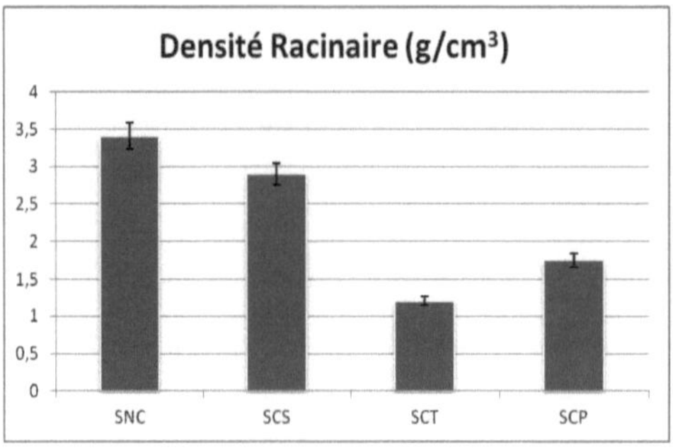

Figura 13: Variação das raízes do trigo em função do tipo de compactação e da humidade (variedade boutaleb)

O desenvolvimento da densidade radicular parece ser diferente para os diferentes casos de compactação. A melhor densidade radicular foi obtida para o primeiro grupo de vasos, onde **não** foi aplicada **qualquer compactação,** com um valor de **3,4 g/dm^3** , tendo sido obtidos os piores resultados para o terceiro grupo **totalmente compactado**, com um valor de **1,2 g/dm^{3}**.

1.3.1.7. Variação da altura do caule do trigo em função do tipo de compactação e da humidade (variedade bousselam)

A figura seguinte mostra a variação da altura dos caules do trigo em função do tipo de compactação e da humidade (variedade bousselam):

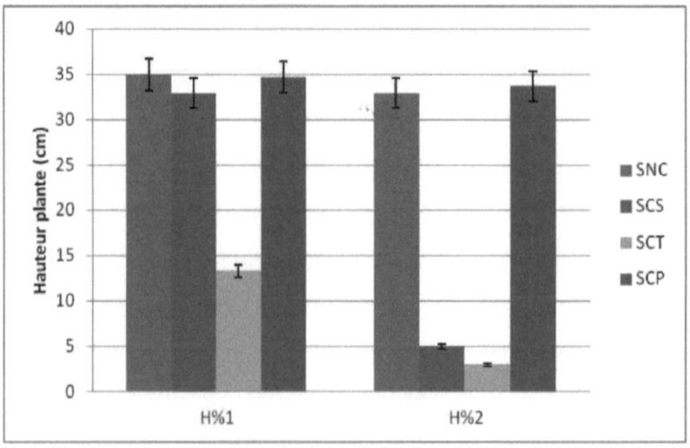

Figura 14: Variação da altura do caule do trigo em função do tipo de compactação e da humidade (variedade bousselam)

O desenvolvimento da altura das plantas foi difícil em solos compactados em estado húmido. A melhor altura de planta para o trigo (bousselam) foi obtida no primeiro grupo de vasos, onde **não** foi aplicada **compactação.** Em contrapartida, foram obtidas alturas baixas no segundo e terceiro grupos, onde **foi** aplicada **compactação superficial** e **total**, respetivamente. No entanto, foram observadas alturas baixas nos vasos do segundo e terceiro grupos compactados em H% 2 (solo húmido). Isto só pode ser explicado pela compactação, que tem um efeito maior em solos húmidos do que em solos secos.

1.3.1.8. Variação do comprimento da raiz do trigo em função do tipo de compactação e da humidade (variedade bousselam)

A figura abaixo mostra a variação do comprimento das raízes do trigo em função do tipo de compactação e da humidade da variedade bousselam:

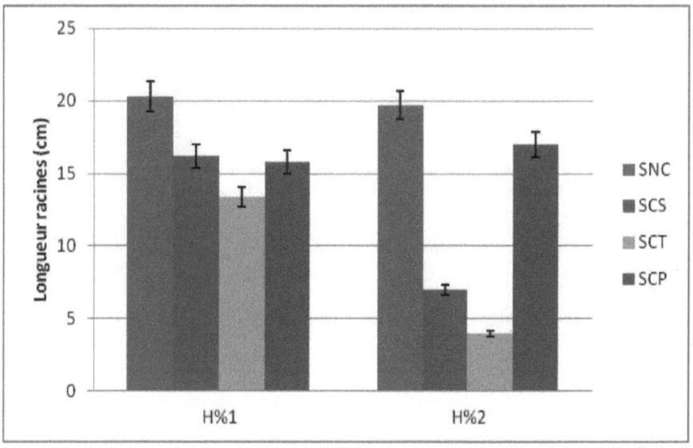

Figura 15: Variação do comprimento da raiz do trigo em função do tipo de compactação e da humidade (variedade bousselam)

A figura acima mostra que o desenvolvimento do sistema radicular da variedade bousselem parece ser melhor para o primeiro grupo de vasos, onde **não** foi aplicada **nenhuma compactação**. Os maus resultados foram sempre obtidos para o segundo e terceiro grupos, onde compactamos **o solo húmido na superfície** e **compactamos todo o solo**, respetivamente. Esta compactação teve certamente um efeito negativo no desenvolvimento das raízes das plantas. No entanto, houve uma grande diferença entre os valores de comprimento das raízes nas duas séries de vasos do segundo e terceiro grupos compactados com dois níveis de humidade diferentes. Registámos as maiores densidades de raízes nos vasos compactados no estado seco.

1.3.1.9. Variação da densidade radicular do trigo em função do tipo de

compactação e da humidade (variedade bousselam)

A figura seguinte mostra a variação da densidade radicular do trigo em função do tipo de compactação e da humidade (variedade bousselam):

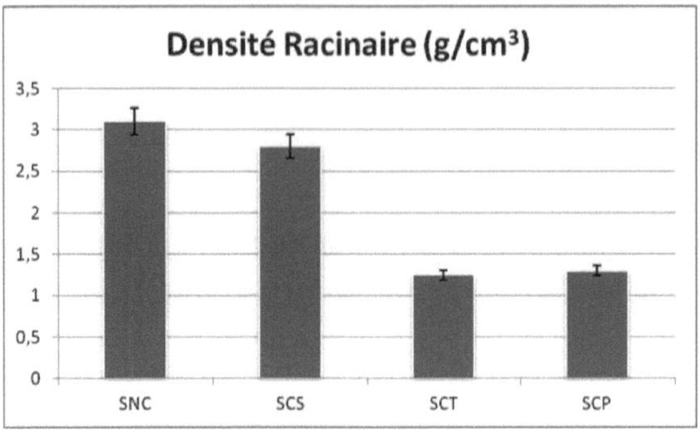

Figura 16: Variação das raízes do trigo em função do tipo de compactação e da humidade (variedade bousselam)

Os valores médios de densidade radicular registados para os diferentes casos de compactação em condições secas e húmidas dão as melhores densidades de raízes de trigo obtidas no primeiro grupo de vasos, onde **não** foi aplicada **qualquer compactação,** com um valor de **3 g/dm^3** . Para o segundo grupo de vasos compactados apenas na superfície, registámos um valor médio de **2,6 g/dm^3** . Para o terceiro grupo de vasos compactados em profundidade, registou-se um valor médio de **2,2 g/dm$^{3.}$** A densidade radicular mais baixa foi obtida no terceiro grupo, onde se aplicou **a compactação total**. Com um valor de **1,1 g/dm$^{3.}$** Existe uma relação proporcional entre o tipo de compactação e a densidade radicular, mas à medida que o grau de compactação aumenta, a densidade radicular diminui.

Conclusão

Os resultados mostram que a altura da planta, a profundidade da raiz e a densidade da raiz são inversamente proporcionais à compactação do solo e ao teor de humidade, ou seja, quanto menos o solo estiver compactado, maior será a altura do caule, a profundidade da raiz e a densidade da raiz. Foi o que registámos no primeiro grupo de vasos (o controlo) com uma altura média de 35 cm, uma profundidade radicular média de 21 cm e uma densidade radicular de **3 g/dm^3** . No solo compactado, registámos uma altura média baixa (15 cm), uma profundidade média das raízes de 11 cm e uma densidade radicular de **1,2 g/dm^3**

. Os resultados obtidos permitiram também observar o efeito da compactação em solos húmidos e secos. Registámos resultados satisfatórios para as alturas e densidades das raízes em solos compactados em estado seco em comparação com os compactados em estado húmido. Daí a importância de escolher o momento certo para trabalhar com as alfaias agrícolas. Verifica-se igualmente uma diferença entre os valores médios registados para a altura das plantas, o comprimento das raízes e a densidade das raízes para as três variedades de trigo. A variedade **mohamed ben bachir** é mais resistente à compactação do que as outras duas variedades. Isto mostrou-nos que a escolha da cultura e da variedade é muito importante no caso de solos compactados. Estes resultados também nos permitiram observar o efeito da compactação e da humidade do solo na altura e no desenvolvimento radicular de uma planta como o trigo duro. Isto fornece-nos indiretamente informações úteis para as operações de sementeira do trigo duro. Isto conduzirá obviamente a uma estrutura óptima do solo que permitirá um bom desenvolvimento radicular e, consequentemente, um bom rendimento.

CAPÍTULO 2

ANÁLISE DO EFEITO COMBINADO DA COMPACTAÇÃO E DA MOBILIZAÇÃO NO COMPORTAMENTO FÍSICO-MECÂNICO DE UM SOLO ARGILOSO E CONSEQUÊNCIAS PARA O DESENVOLVIMENTO DA CEVADA

Introdução

O objetivo deste ensaio é estudar os efeitos das interações entre o funcionamento das máquinas agrícolas (número de máquinas, peso da máquina, número de passagens, etc.) e as técnicas de cultivo (lavoura e sementeira direta) na compactação do solo. E as suas consequências sobre as propriedades físico-químicas do solo (teor de água, porosidade do solo, resistência à penetração, taxa de infiltração e atividade microbiana), e sobre o desenvolvimento da cultura da cevada (taxa de assentamento, desenvolvimento do sistema radicular e rendimento).

2.1. Apresentação do sítio experimental

2.1.1. Descrição e localização do sítio experimental

Os ensaios experimentais que são objeto do nosso estudo tiveram lugar na estação experimental do Institut Technique des Grandes Cultures (ITGC) de Oued Smar, na parte nordeste da Mitidja. A estação experimental tem uma altitude de 24 m, latitude 36°43' Norte, longitude 30° 84' Este (**figura 17**). De um modo geral, ocupa uma superfície de cerca de 100 ha, com vocação científica, e é responsável pelo desenvolvimento do sector das culturas arvenses (cereais, leguminosas, forragens), a fim de responder às necessidades alimentares do país e aos novos desafios revelados pelas crises alimentares e pelos riscos climáticos.

Figura 17: Localização geográfica do instituto técnico de culturas arvenses de Oued Smar (ITGC)

2.1.2. O clima da região de estudo

A estação experimental do ITGC de Oued Smar tem um clima húmido, com invernos suaves e chuvosos e verões quentes e secos. O diagrama umbrotérmico de BAGNOULS e GAUSSEN (Figura 29), calculado para o período de 2010 a 2019, mostra a existência de uma estação húmida e relativamente fria que se estende por sete (07) meses, e uma estação seca e quente durante o resto do ano.

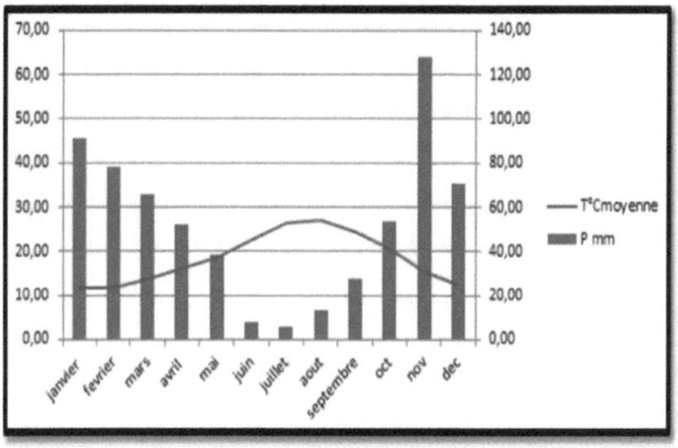

Figura 18: Diagrama umbrotermal de BAGNOULS e GAUSSEN (região de Dar El-Beida)

Com :

P: precipitação mensal total

T: temperatura média mensal

2.1.3. Condições climáticas durante o ensaio

A precipitação registada durante a campanha experimental não excedeu a média de 100 anos para a região, com apenas 442,4 mm, em comparação com 749 mm para toda a região, o que representa um défice de 40,9%. A maior quantidade de chuva registou-se entre março e maio, durante o período de aparafusamento. O que é excecional nesta cultura é o facto de a precipitação não ter sido bem distribuída ao longo do ciclo da planta, tendo-se registado um período de seca no outono e no inverno.

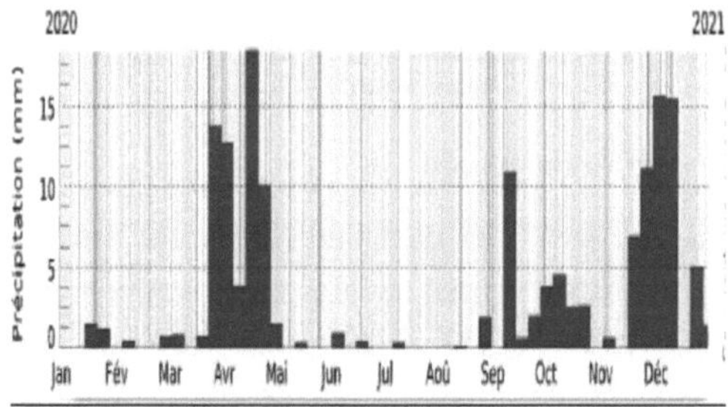

(Fonte: Meteoblue 2020) Figura 19: Precipitação registada para 2020-2021

O período de inverno (dezembro de 2019, janeiro e fevereiro de 2020) caracterizou-se por temperaturas elevadas, pouca chuva e dias bastante primaveris, de acordo com os dados sazonais do Gabinete Nacional de Meteorologia (ONM). A precipitação acumulada sazonal foi inferior ao normal, enquanto a temperatura média sazonal foi superior ao normal.

2.1.4. Caraterísticas do solo das parcelas de ensaio

A análise granulométrica das amostras de solo do sítio experimental deu os resultados apresentados no quadro seguinte:

Quadro 5: Análise do solo da parcela de ensaio

O parâmetro	Tamanho das partículas					Matéria orgânica	calcário total	pH
	silte fino	lodo	Areia fim	areia grossa	Argila			
O valor	41.69%	22.89 %	7.67%	12.46 %	15.29 %	1.19%	1.72%	7.78
La Método	Pipeta de Robinson					Método	método	pH

Fonte: (INSID, 2020)

A utilização do triângulo de textura do USDA revelou que o solo da experiência era **de textura argilosa.**

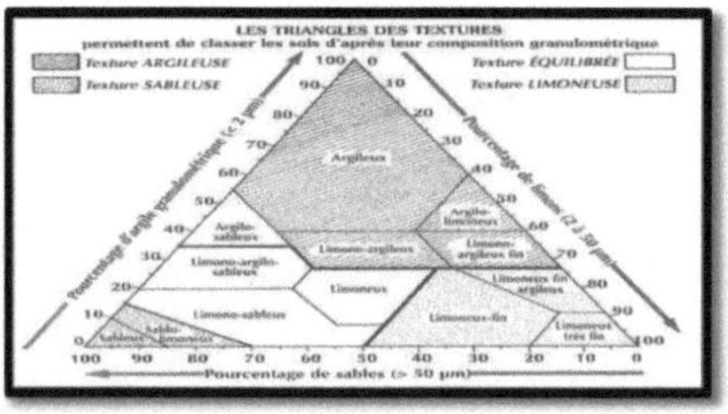

2.2. Materiais e métodos

2.2.1. Apresentação do protocolo experimental

2.2.1.1. A montagem experimental

Tendo em conta a geometria e a topografia da parcela e os objectivos da nossa experiência, foi escolhido o desenho de blocos factoriais como desenho experimental. Temos dois factores :

➢ **Fator 1: Compactação do solo Nível 1**: Solo compactado (C) **Nível 2**: Solo não compactado (NC)
➢ **Fator 2: Técnica de cultivo**
Nível 1: Trabalho convencional (TC)

Nível 2: Semeadura direta (DS) Isto dá-nos tratamentos :

- **T1: solo compactado de plantio direto**

- **T2: solo de sementeira direta não compactado**

- **T3: solo convencional não compactado**

- **T4: solo convencional não compactado**

Com três repetições, obtêm-se três blocos, consoante a direção da inclinação.

Com :
- **T1: solo compactado de plantio direto (SCSD)**

- **T2: solo de sementeira direta não compactado (SNCSD)**

- **T3: solo convencional não compactado (SNCTC)**

- **T4: solo convencional não compactado (SCTC)**

2.2.2. Materiais de estudo

2.2.2.1. Equipamento de preparação do solo

	O equipamento utilizado	Caraterísticas	Ilustrações
Meios de tração	4*4 trator DEUTZ-FAHR AGROLUX 80	Potência: 80 hp Número de cilindros 4 Cilindrada : 4085 Velocidade da tomada de força: 540 rpm Classificação do peso bruto do veículo: 3100kg Pneus dianteiros com tração às 4 rodas	
O arado Pulverizador (Cultura de cobertura)	Trabalho : Arado reversível Bisoc	Número de lâminas de arado: 2 Tipo : gama Profundidade de trabalho: 25 a 30 cm	
	Lavrar sobre	Número de discos 20 Tipo: arrastado Diâmetro do disco 55cm Peso: 740 kg	
Equipamento de sementeira	semeador : AGRIC PSM 30	Largura de trabalho: 3m Número de elementos distribuidores : 19 Distância entre órgãos: 17 cm Sistema de	
	Semeador de sementeira direta	Largura de trabalho: 3m Número de distribuidores: 29. Distância entre órgãos: 13,7	
Equipamento de manutenção	Rolo	. Largura de trabalho: 2m . Diâmetro: 50cm . Velocidade de trabalho: 6Kmh	
Equipamento de proteção das plantas	Pulverizador de cereais com barra de pulverização	. Capacidade: 1000 L . Número de bocais: 16 . Largura de trabalho: 8m . Tipo de bocais: ranhurados . Tipo : com reboque . Peso vazio: 302 kg	

2.2.2.2. Material vegetal

O material vegetal utilizado no nosso estudo é a cevada **da** variedade **Fouara**. Trata-se de uma cevada de 6 linhas e resulta de uma seleção efectuada pela estação do Institut Technique des Grandes Cultures (ITGC) de Sétif, utilizando material segregado do ICARDA (International Center of Agricultural Research in Dry Areas) em 1991/92. Trata-se de uma variedade muito produtiva e de boa estabilidade, incluída no catálogo nacional desde 1997 **(Benmahammed et al. 2001, Menad et al. 2011)**. A cultura é considerada a mais importante cultura forrageira, importante pela sua produção verde, feno, silagem, grão e palha.

Quadro 6: Dados técnicos da cevada Fouara :

Cultura	Cevada
Variedades	Fouara
A origem	ICARDA Síria
Rendimento máximo	<60 qx /ha
Altura do caule	60-70 cm
PMG	Alta (36,7 g)
Teor de proteínas	Pequenas quantidades <13%.
Teor de água	7.4%

Fonte : (ITGC Oued Smar)

Figura 21: Semente da variedade Fouara

2.2.3. Realização e acompanhamento do estudo experimental

2.2.3.1. Preparação do solo e sementeira

Os ensaios foram realizados numa parcela de 1245 m^2 que foi dividida em três blocos: cada bloco dividido em quatro microparcelas, trabalhadas e não trabalhadas, compactadas e não compactadas, foram trabalhadas no final de dezembro e semeadas no início de janeiro.

2.2.3.2. O tamanho do nosso terreno

- Comprimento total da parcela: 83 m
- Largura total da parcela (comprimento da micro-parcela): 15 m
- Superfície total do terreno: 1245 m^2.
- Largura da microparcela: 6 m
- Superfície da microparcela: 90 m^2.
- Espaçamento entre microparcelas: 1 m.

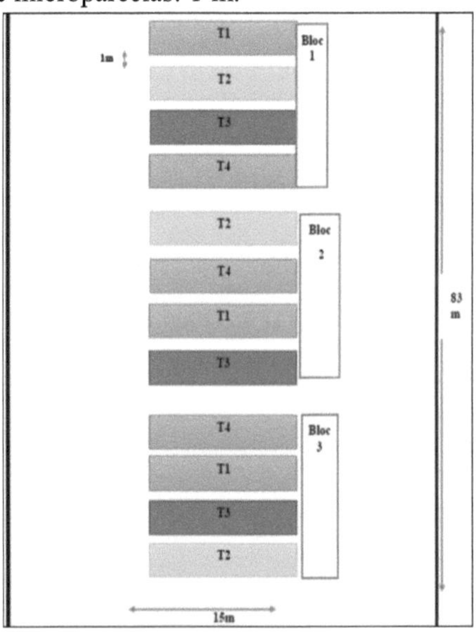

Figura 22: diagrama da instalação experimental

2.2.3.3. Trabalho convencional

A lavoura é necessária para assegurar uma melhor preparação da cama de sementes, mas também para melhorar o arejamento do solo e, assim, aumentar o espaço para o enraizamento e o desenvolvimento das raízes.

• A lavoura com uma charrua bisoc reversível foi efectuada em 30 de dezembro de 2019, em muito boas condições de solo, nas seis microparcelas reservadas à técnica denominada sementeira convencional com mobilização convencional.

Quadro 7: Profundidade e tipo de lavoura.

Profundidade de lavoura (cm)	25	23	23	20	21	23	20	23	22	22	20	23	Meios
observação	É um arado plano de tamanho médio												

• A lavoura e o cultivo superficial foram retomados em 02 de janeiro de 2020. A sementeira foi efectuada no mesmo dia para as microparcelas lavradas.

Figura 23: Parcela não compactada com lavoura convencional

2.2.3.4. Compactação das zonas da parcela de ensaio

Antes da sementeira, compactámos o solo nas microparcelas afectadas pela compactação, através de passagens excessivas (cinco passagens) do (trator + semeador cheio de sementes), com uma carga total por eixo igual a 4 toneladas.

Figura 24: Gráfico após compactação

2.2.3.5. Semeadura

➢ **Seleção do clássico**

A sementeira foi efectuada em 02/01/2019 com um semeador AGRIC.

Figura 25: Semeadura com o semeador

• Após a sementeira, foi utilizado um rolo nas microparcelas não compactadas para compactar ligeiramente o solo, a fim de melhorar o contacto entre o solo e a semente, favorecer a subida da água por capilaridade e evitar que a superfície seque demasiado depressa, e completar a ação das ferramentas anteriores, reduzindo o tamanho dos torrões à superfície.

➢ **Aplicação de fertilizantes**

O adubo de base granulado "M.A.P 12.52" (mono-amónio-fosfato-granulado) foi aplicado em 02/01/2019 à cultura roubada.

Composição do adubo: N=12%, P=52%, K = 0%.
➢ Dose total: para a superfície total: 29,5 kg
➢ Dose por microparcela: 2,5 kg

2.2.3.6. Semeadura direta

➢ **Antes da sementeira direta: Sementeira química**

Ao adotar o plantio direto, o tratamento químico é mais do que necessário para controlar as ervas daninhas. Os tratamentos químicos das parcelas de plantio direto foram realizados no final de dezembro, no dia 30 de dezembro de 2019, utilizando um pulverizador com velocidade de 540 rpm na tomada de força. O produto utilizado no ensaio foi um herbicida total à base de glifosato. O seu nome comercial é GLYFOZEL 36 SL, e a dose foi de 3L/ha, de acordo com as recomendações do fabricante e do INPV.

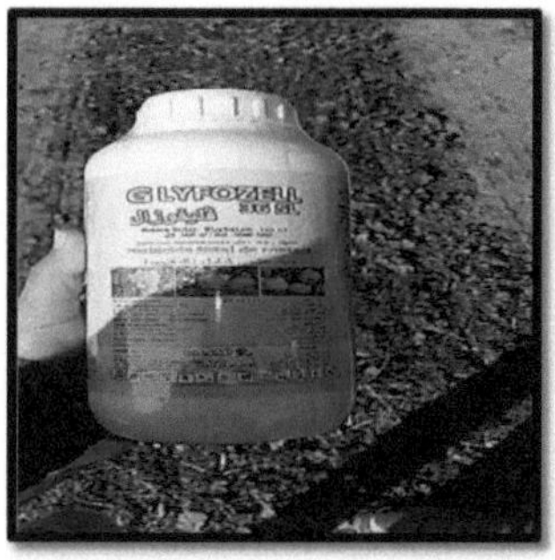

Figura 26: Total de herbicidas com base no glifosato 36 SL

2.3. Técnicas e métodos de medição

As análises efectuadas no laboratório e os respectivos métodos são apresentados no quadro seguinte.

Quadro 8: Análises efectuadas em laboratório e respectivos métodos

Análise		Método
Análise física do solo	Tamanho das partículas	Método da pipeta
	Humidade do solo	Humidade do peso a utilizando um sem-fim e
	Resistência a	Penetrómetro estático
	Densidade aparente	Por perfuração
	Densidade real	Picnómetro
	Porosidade	Cálculo
	Condutividade	Medidor de condutividade
	PH	Medidor de PH
Análise química de	Azoto total	Método KJEDHEL

Fonte: (INSID, ITGC e INRA 2020)

2.3.1. Determinação da humidade do solo

Para determinar a humidade do solo, foi utilizado o método da humidade ponderal. Foram recolhidas amostras com um trado em cada parcela elementar de cada itinerário técnico. As amostras foram recolhidas em quatro pontos de cada parcela, e cada amostra foi recolhida em quatro horizontes: de 0 a 5 cm, de

5 a 15 cm, de 15 a 25 cm e de 25 a 30 cm. O método para medir diretamente o teor de água de uma amostra de solo consiste simplesmente em pesá-la antes e depois da vaporização durante 24 horas a 105 C° , correspondendo estes dois valores, respetivamente, à massa total da amostra Pi e à massa da fração sólida Ps.

O teor de água da soja é então calculado através da seguinte fórmula:

$$\mathbf{H\%} = [\frac{Pi - Ps}{Ps}]$$

Com :
H%: Humidade Pi = Peso inicial
Ps = Peso seco após secagem em estufa a 105 C° durante 24 horas.

Figura 27: Recolha de amostras de solo para determinar o teor de humidade do solo

3.3.2. Determinação da resistência penetrométrica

O penetrómetro estático de mão é um instrumento indicativo para medir a resistência máxima à penetração. O instrumento tem um desvio médio de + e - 8%. Para uma utilização exacta e a longo prazo, recomenda-se uma gama de 200 a 700 N (zona verde no medidor). Acima de 700N, considera-se que a zona está compactada. A resistência é lida em N (Newton) e anotada para a profundidade apropriada. A base da zona do cone também deve ser anotada, pois a resistência do cone é expressa em daN /cm^2 , ou em Mpa. Para determinar a profundidade, foi utilizado um penetrómetro estático. O método consiste em aplicar uma força para empurrar a haste do penetrómetro para dentro do solo, o que nos permite medir a profundidade através de uma escala na haste que transporta o cone e ler o valor da força indicado por um cursor no penetrómetro.

Figura 28: Penetrómetro estático

2.3.3. Determinação da porosidade

2.3.3.1. Determinação da densidade seca

O método mais utilizado, e o que nós utilizámos, é o método de perfuração: um cilindro de volume conhecido, com a extremidade afiada, é cravado mecanicamente no solo, sendo depois limpo por escavação à sua volta. Após secagem em estufa (a 105°C durante 24 horas), este volume é pesado, o que permite calcular a densidade aparente, que é, de facto, uma simples relação

$$\rho_{as} = \frac{}{V}$$

Com :

- ρas: densidade aparente ;
- P: peso da amostra seca.
- V: volume da amostra de solo.

3.3.3.2. Determinação da densidade real

Para determinar a densidade real, utilizámos um método simples que consiste em recolher uma amostra do solo e secá-la numa estufa (105°C, 24 horas). Utilizando uma proveta graduada, juntámos 100 g de terra seca, triturada e peneirada, e adicionámos um volume de água ($V0 = 800$ ml), deixando a amostra até todas as bolhas de ar desaparecerem. Foi deslocado um volume de água correspondente ao volume ocupado pelo solo. Foram efectuadas cinco repetições para obter um resultado preciso. A densidade real é dada pela fórmula

$$dr = \frac{Ps}{V}$$

Com :

- dr: Densidade real (g/cm3).
- Ps: peso seco (g).
- Vs: volume de água deslocado (cm)^3

A porosidade é calculada a partir dos resultados obtidos pela densidade aparente do seguinte modo

$$n = \frac{da}{dr}$$

Com :

- n%: porosidade total.
- da: densidade aparente (g/cm3).
- dr: densidade real (g/cm3).

2.3.4. Determinação da velocidade de infiltração

Para determinar a taxa de infiltração da água no solo, utilizámos um método baseado num infiltrómetro de duplo anel fig. (29). Os anéis utilizados tinham dimensões específicas: um anel exterior com um diâmetro de 50 cm e um anel interior com um raio de 30 cm, soldados entre si. Começámos por enterrar os anéis no solo de modo a que ficassem nivelados e em contacto direto com o solo, para evitar fugas de água. De seguida, enchemos os dois anéis simultaneamente com água até que o nível inicial nos dois anéis fosse igual, saturando assim o solo. Uma vez atingido o nível de água, ligámos o cronómetro e anotámos o nível inicial de água com uma régua graduada. A intervalos regulares, de 5 em 5 mm, medimos e registámos a descida do nível de água no anel exterior, indicando que o solo tinha atingido uma taxa de infiltração estável. A taxa de infiltração foi calculada dividindo a altura de água infiltrada pelo tempo decorrido

Figura 29: Infiltrómetro de anel duplo

A taxa de infiltração de água é obtida pela seguinte relação :

$$Vitesse\ d'infiltration = \frac{Profondeur\ (cm)}{Temps\ (min)}$$

2.3.5. Determinação da atividade microbiana

Para a análise microbiológica, as amostras de solo são retiradas da camada superficial (0-20 cm), que é a mais biologicamente ativa. A fim de obter uma amostra representativa, são colhidas seis amostras de 500 g cada com um trado, espalhadas diagonalmente numa área de 100 m², depois de removidos os detritos da superfície. As amostras são pesadas em recipientes de amostragem esterilizados fig. 30. As amostras são depois transportadas para o laboratório em condições controladas para garantir a sua integridade microbiológica. Esta formulação é mais precisa e centra-se na importância do transporte em condições adequadas, que é crucial para a validade da análise microbiológica subsequente, preservando a sua integridade microbiológica.

Figura 30: Caixas de amostragem

o Preparação de material biológico

Qualquer amostra de solo preparada para um estudo de microrganismos é primeiro triturada num almofariz. De seguida, é passada por dois crivos sucessivos: o primeiro com orifícios de 5 mm e o segundo com orifícios de 2 mm. Este processo elimina os elementos demasiado grandes e os detritos orgânicos indesejáveis.

o Enriquecimento e enumeração da flora aeróbia total do solo mesófilo

Uma amostra de 2 g de solo é adicionada assepticamente a 40 ml de meio Luria-Bertani (LB) estéril num frasco de 250 ml. Esta suspensão, que constitui a solução de reserva (diluição 10^{-1}), é então incubada a 30°C durante 24 horas com agitação constante a 150 rpm (Guo et al., 2010).

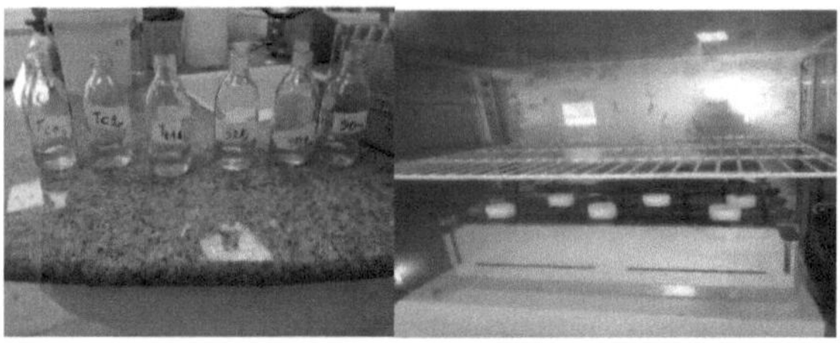

Figura 31: Fases do enriquecimento da flora mesófila aeróbia total do solo

o Efetuar diluições decimais

A análise da flora mesófila aeróbia total (FAMT) foi efectuada utilizando o método de diluição em suspensão, tal como descrito por (Rayilli, 1968). Após a incubação da cultura enriquecida, foi preparada uma série de diluições decimais (de 10^{-1} a 10^{-9}) da seguinte forma:

1. Transferir assepticamente 1 ml da suspensão de reserva (10^{-1}) para 9 ml de água fisiológica esterilizada, obtendo-se assim a diluição 10^{-2}.
2. Após homogeneização durante dois minutos, toma-se 1 ml desta diluição e adiciona-se a 9 ml de água fisiológica esterilizada, obtendo-se a diluição 10^{-3}.
3. Este processo repete-se até se obter uma diluição de 10 %.$^{-9}$

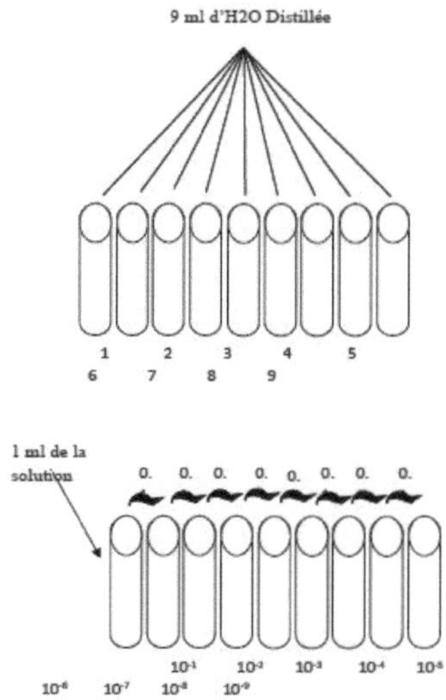

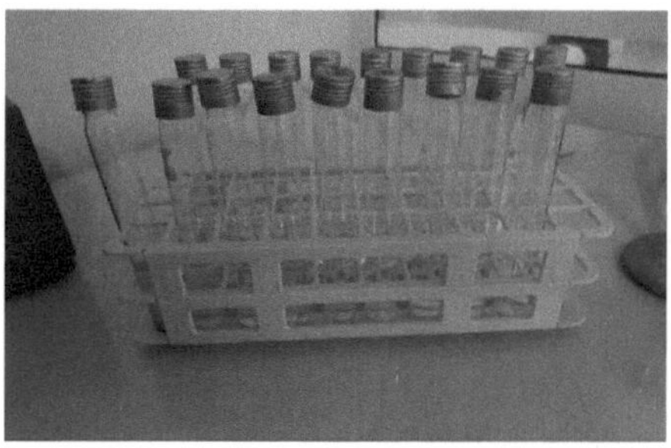

- **Semeadura**

A técnica utilizada neste estudo para isolar microrganismos edáficos baseia-se no método de inoculação de superfície. São preparadas diluições em série da amostra de solo e depois inoculadas num meio de cultura sólido, neste caso o ágar nutriente (NA). O protocolo experimental é o seguinte: é retirado um volume de 0,1 ml de cada diluição (de 10^{-3} a 10^{-9}) utilizando uma micropipeta esterilizada. Este inóculo é então colocado no centro de uma placa de Petri contendo o meio GN previamente solidificado. O inóculo é espalhado uniformemente sobre a superfície do meio utilizando um ancinho esterilizado. Em seguida, as placas de Petri com sementes são invertidas e incubadas a uma temperatura de 30°C. O período de incubação estende-se de 24 a 72 horas (Guo et al., 2010), permitindo o crescimento e o desenvolvimento de colónias microbianas.

Figura 33: Isolamento de microorganismos

- **Enumeração da flora aeróbia mesófila total**

A contagem da flora edáfica mesófila aeróbia total é efectuada de acordo com os protocolos estabelecidos por Marchal e Bourdon (1982). A determinação da densidade microbiana, expressa em unidades formadoras de colónias por grama de solo (UFC/g), é calculada como a média aritmética das contagens, tendo em conta os factores de diluição aplicados. Esta metodologia pode ser formalizada pela seguinte equação, designada por fórmula 01 :

Fórmula 01: N (CFU/g) = $(\sum n) / (\sum d \times V)$ Onde:
N: Número de microrganismos em CFU/g.

n: Número de colónias contadas.

V: Volume depositado (1 ml).

d: Diluição

2.4. Metodologia para medições relacionadas com as culturas

A metodologia de análise dos efeitos das duas técnicas no desenvolvimento das culturas incidiu, respetivamente, sobre :

- Taxa de elevação
- A taxa de perfilhamento

- A altura da planta.
- Desenvolvimento das raízes
- Densidade da raiz.
- Desempenho.

2.4.1. Determinação da taxa de emergência e da taxa de perfilhamento

Para determinar a taxa de emergência e a taxa de perfilhamento, utilizámos uma moldura de madeira com ¼ de metro quadrado e contámos o número de plantas para chegar ao número de sementes germinadas por hectare.

Figura 4: Determinação da taxa de perfilhamento da cevada no campo

2.4.2. Determinação da altura e do diâmetro dos caules

Para medir a altura das plantas, utilizámos uma fita métrica e seguimos a evolução da parte aérea da planta para chegar à altura correspondente ao corte.

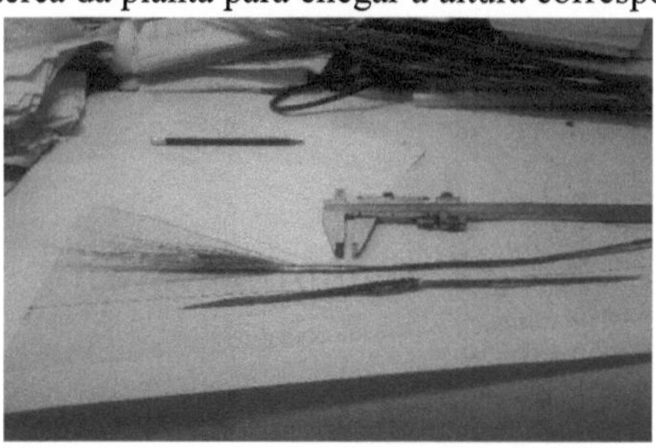

Figura 5: Determinação das alturas e diâmetros dos caules

2.4.3. Determinação da densidade radicular

Para medir o alongamento das raízes da cevada, utilizámos o método de perfuração. Para medir o alongamento das raízes, utiliza-se um cubo metálico com as extremidades afiadas. Esta amostra (solo + raízes) é colocada numa peneira de malha fina e o solo é removido com um jato de água. As amostras são então mergulhadas em água durante 24 horas e lavadas de novo até que toda a terra tenha sido removida. Em seguida, são secas e pesadas.

Figura 6: Remoção da raiz

2.4.3. Determinação do rendimento estimado

Para estimar o rendimento do grão nas diferentes parcelas, tomámos duas caraterísticas mensuráveis, nomeadamente o número de grãos por metro quadrado e o peso por mil grãos. A relação utilizada para calcular o rendimento é a seguinte:

$$\text{Rendement estimé} \left(\frac{Qx}{ha}\right) = \text{nombre de grains par } m^2 \cdot \frac{PMG}{10000}$$

3.5. Resultados e discussão

2.5.1. Efeito combinado das técnicas de preparação do solo e da compactação no comportamento físico-mecânico do solo

2.5.1.1. Efeito na humidade

O primeiro parâmetro do solo estudado é a humidade, que é de importância vital para a germinação, emergência e desenvolvimento das plantas de trigo. A humidade do solo é determinada pela quantidade de precipitação acumulada durante o período experimental. Os níveis de humidade medidos na parcela ao longo da campanha são derivados da precipitação registada durante a monitorização e reflectem a capacidade de retenção de água da camada superficial do solo, ou seja, a eficácia da estrutura na retenção de água.

Fase 1: (amostras colhidas após a precipitação)

Os resultados da variação do teor de água no solo são apresentados nas figuras seguintes:

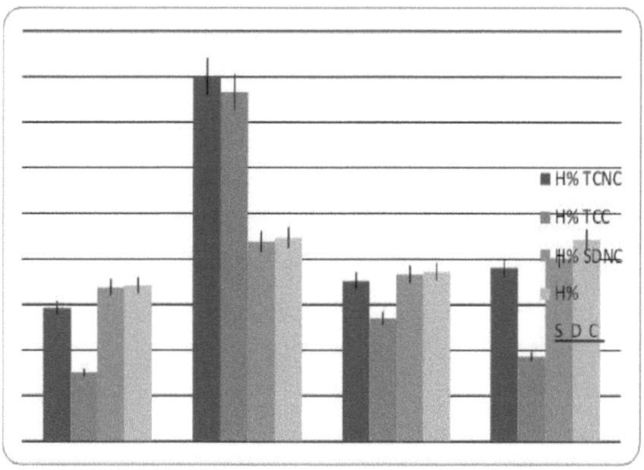

Figura 7: variação da humidade do solo em função da profundidade e da compactação na fase de emergência

A partir desta figura, podemos ver que na primeira fase, em todos os horizontes, registámos uma diferença no teor de água entre as áreas não compactadas e as áreas compactadas com a técnica de lavoura convencional. O teor de água diminui nas áreas compactadas com a técnica de lavoura convencional, e esta diminuição é notória em todos os horizontes, sendo mais significativa nos horizontes 1 e 4, com uma diferença de 8% e 7% respetivamente. Verifica-se também que no segundo horizonte, registamos os valores mais elevados de teor de água para a lavoura convencional, nas zonas compactadas e não compactadas.

Fase 2

Os resultados da variação do teor de água no solo são apresentados na figura seguinte:

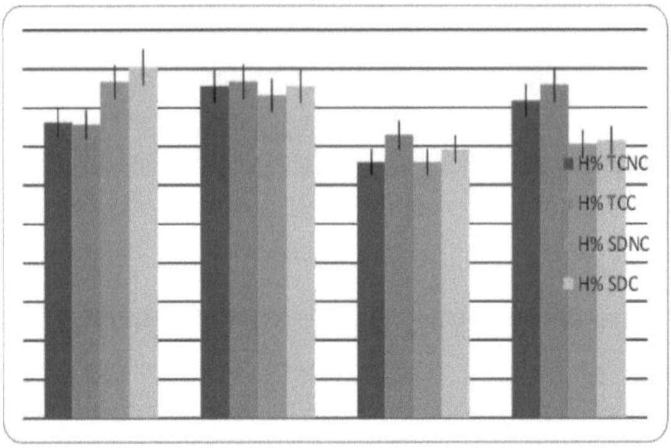

Figura 8: Variação da humidade do solo em função da profundidade e da compactação na fase de perfilhamento

Nesta fase, registámos um período de seca e os resultados mostram que não há grande diferença no teor de água do solo. teor de água entre as áreas compactadas e não compactadas para ambas as técnicas de cultivo e em todos os horizontes.

Fase 3: (amostragem após 15 dias de precipitação em abril)

Os resultados da variação do teor de água no solo são apresentados na figura seguinte:

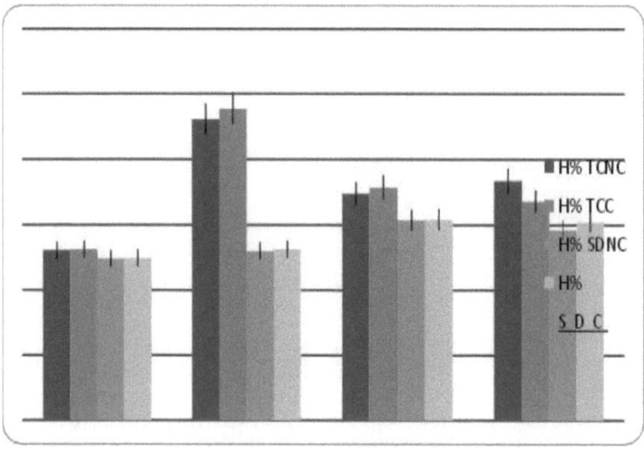

Figura 9: Variação da humidade do solo em função da profundidade e da compactação na fase de crescimento

Nesta fase, recolhemos amostras após 15 dias de precipitação em abril. Os resultados mostraram que os solos compactados secam rapidamente, o que pode ser explicado pelas altas temperaturas registadas durante este período. Verificámos que o segundo horizonte das parcelas convencionais apresentava o teor de humidade mais elevado. Este resultado pode ser explicado pela presença de uma camada compacta à superfície, que seca rapidamente, tornando-se uma camada isolante e impedindo a evaporação da água armazenada no segundo horizonte. Os resultados mostram que a lavoura permite um aumento do teor de água no primeiro horizonte, mas nas zonas compactadas não é esse o caso; o solo é compactado e seca rapidamente. Constatamos também que a humidade do solo diminui ligeiramente no segundo horizonte das zonas compactadas, graças à camada superficial compactada que impede a evaporação. Concluímos também que a lavoura convencional é mais suscetível à compactação do que a sementeira direta, porque o solo fica mais leve e mais húmido após o revolvimento na lavoura convencional, o que facilita a compactação após as passagens das máquinas agrícolas, ao contrário da sementeira direta, onde o solo mantém a sua estrutura e resiste às passagens das máquinas.

3.5.1.2. Efeito na porosidade

O segundo parâmetro analisado é a porosidade, que determina em grande medida a retenção de água pelo solo, o arejamento das raízes e a sua progressão no solo. A análise do efeito combinado das técnicas de cultivo e da compactação do solo sobre a densidade aparente e a porosidade é apresentada nas figuras seguintes:

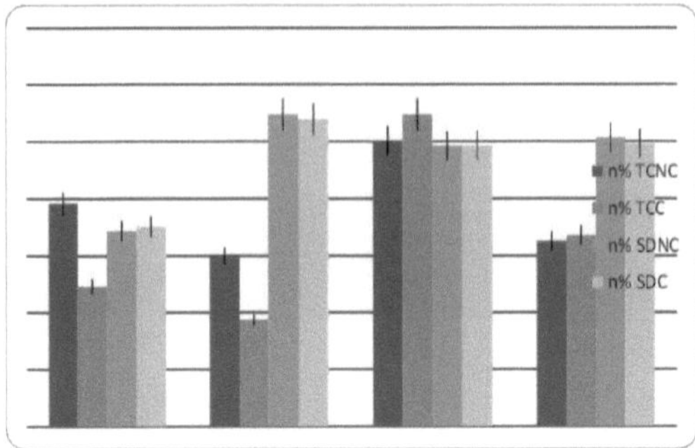

Figura 10: Variação da porosidade do solo em função da profundidade e da compactação na fase de emergência

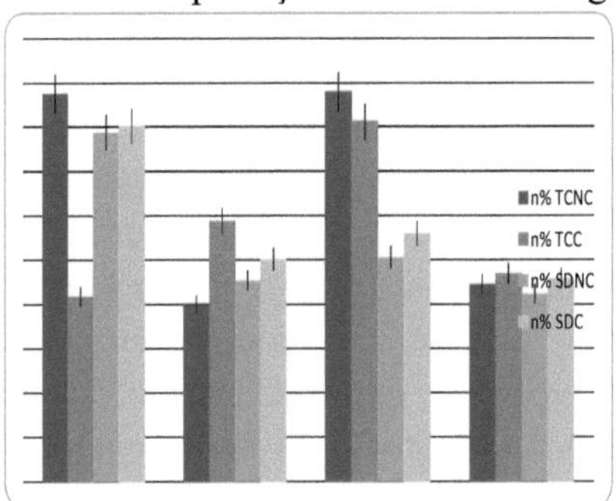

Figura 11: Variação da porosidade do solo em função da profundidade e da compactação na fase de perfilhamento

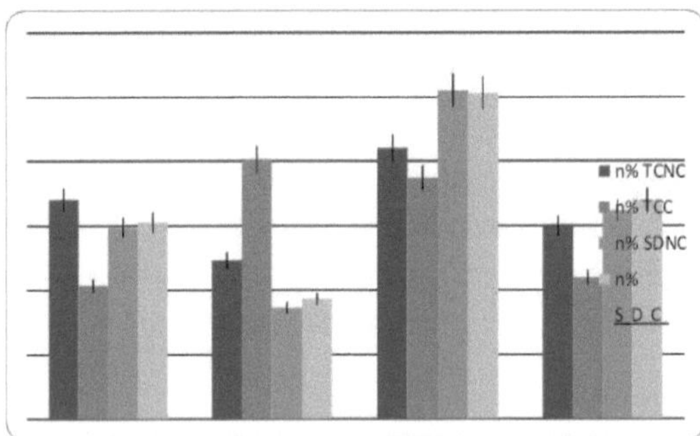

Figura 12: Variação da porosidade do solo em função da profundidade e da compactação na fase de encabeçamento

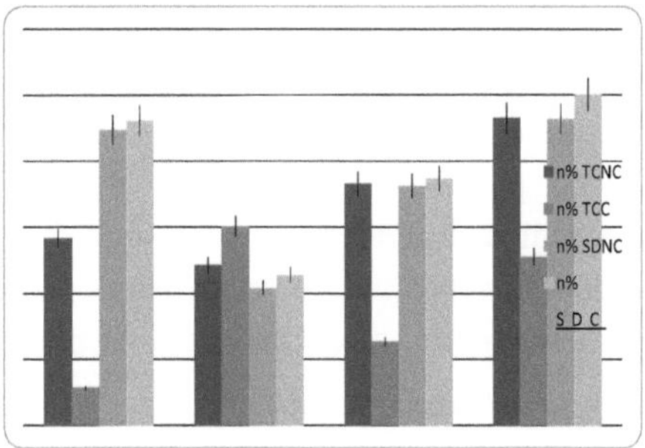

Figura 13: Variação da porosidade do solo em função da profundidade e da compactação na fase de maturação.

A porosidade é uma caraterística física que reflecte o estado estrutural do solo; diz-se que um solo cujos agregados estão distribuídos de forma a resistir às tensões associadas ao ciclo humidade/secagem ou congelação/degelo tem uma estrutura estável e, por conseguinte, mantém o seu espaço poroso a um nível fixo. Por outro lado, uma estrutura particulada é o oposto de uma estrutura fragmentária, muito instável e sensível a múltiplas degradações, como o capeamento ou a compactação provocados pela passagem repetida de máquinas pesadas. É a estabilidade da estrutura que afecta inegavelmente o estado do solo, incluindo os poros. No nosso caso, e após a lavoura, registámos um aumento da porosidade, com um desvio de 10% em relação ao valor inicial. Após a compactação por várias passagens do trator nas zonas lavradas, a porosidade voltou a diminuir, com um desvio de 15% no primeiro horizonte (camada superficial) e de 10% no segundo horizonte. Este facto pode ser explicado pelo tipo de porosidade existente no solo arado, que é a porosidade Este tipo de porosidade é muito sensível às cargas exercidas pelas máquinas agrícolas e à passagem das máquinas sobre o terreno. Nas parcelas lavradas, para horizontes entre 20 e 30 cm, registamos valores de porosidade mais baixos entre as áreas compactadas e não compactadas, no entanto, com a sementeira direta, verifica-se uma ligeira diminuição da porosidade entre as áreas compactadas (compactadas por várias passagens do trator) e as áreas não compactadas para a sementeira direta em todos os horizontes. Este facto pode ser explicado pelo tipo de porosidade presente no solo. Com a sementeira direta, não há mobilização do solo, a porosidade é tubular e está ligada à biologia do solo (minhocas, penetração das raízes, etc.). Este tipo de porosidade é menos sensível às cargas exercidas pelas máquinas agrícolas e à passagem das máquinas sobre o terreno. Globalmente, podemos concluir que, para a lavoura convencional, o grau de porosidade aumenta fortemente após a lavoura e diminui fortemente após a compactação, sobretudo nas camadas superficiais. Por outro lado, na sementeira direta, registamos valores quase idênticos nas zonas compactadas e não compactadas, com o valor da porosidade a aumentar ligeiramente com o desenvolvimento do sistema radicular. Podemos concluir que a passagem de máquinas agrícolas na lavoura convencional contribui para a compactação do solo nas camadas superficiais e tem pouco efeito nas zonas de plantio direto.

2.5.1.3. Efeito na resistência penetrométrica do solo

A medição da resistência penetrométrica com um penetrómetro é um dos indicadores frequentemente utilizados para dar uma ideia do estado de compactação do solo e dos condicionalismos que este coloca ao crescimento das raízes. As observações sobre a evolução da resistência penetrométrica do solo em função do número de passagens efectuadas pelas máquinas agrícolas e da profundidade são apresentadas nas figuras seguintes:

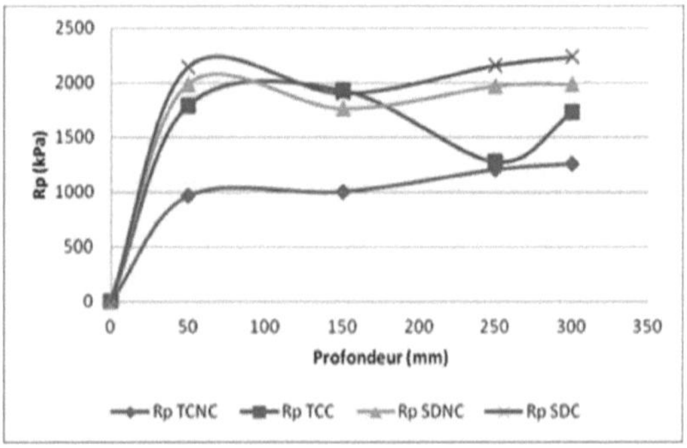

Figura 14: variação da penetrometria do solo em função da profundidade e da compactação na fase de emergência

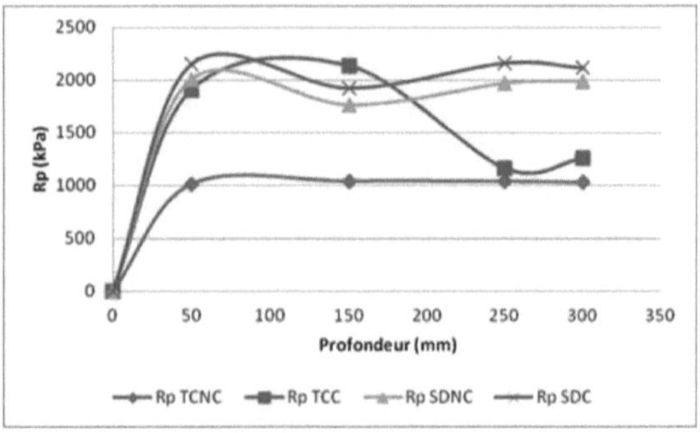

Figura 15: variação da penetrometria do solo em função da profundidade e da compactação na fase de perfilhamento

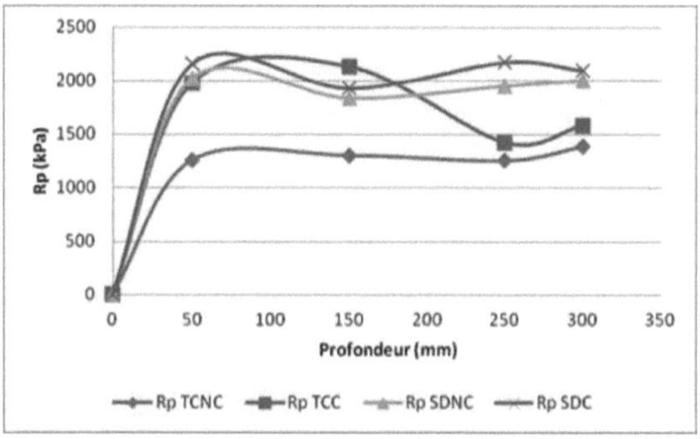

Figura 49: Variação da penetrometria do solo em função da profundidade e da compactação na fase de espigamento

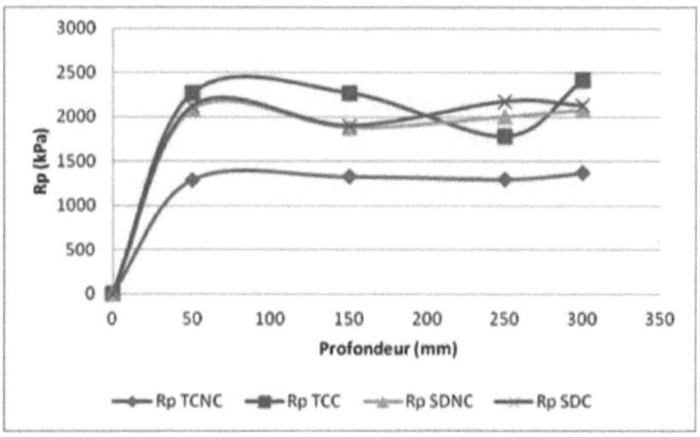

Figura 16: Variação da penetrometria do solo em função da profundidade e da compactação na fase de maturação

Os resultados obtidos mostram que a resistência penetrométrica do solo é modificada pelo aumento do número de passagens efectuadas pela máquina agrícola utilizada e pela técnica de cultivo utilizada. Verificámos que após cada operação ou passagem :

➢ Superfícies **não compactadas** pela **lavoura convencional**

A resistência penetrométrica diminui fortemente após a lavoura e aumenta ligeiramente após cada passagem do trator durante a lavoura (cerca de 1000 kpa), e novamente após a passagem do pulverizador, e também após a passagem da ceifeira-debulhadora e da enfardadeira pick-up (cerca de 1400 kpa). A resistência penetrométrica aumenta ligeiramente após cada passagem do trator e das máquinas agrícolas, sobretudo nos horizontes pouco profundos (entre 0 e 10 cm). Para os horizontes mais profundos, entre 20-30 cm, os valores da resistência penetrométrica são mais elevados, mas com poucas alterações após cada passagem das máquinas.

➢ Áreas **compactadas** por **métodos convencionais**

O valor da resistência penetrométrica é maior após a compactação, atingindo valores elevados no primeiro horizonte após cada passagem de um trator ou de uma máquina agrícola. O valor inicial antes da compactação não ultrapassa os 1000 kpa, depois aumenta progressivamente após a compactação (1700 kpa), após a passagem da ceifeira-debulhadora na altura da colheita, e a passagem da enfardadeira pick-up, atinge um valor máximo de cerca de 2500 kpa. Para os horizontes mais profundos, entre 20-30 cm, os valores da resistência penetrométrica nas zonas compactadas são superiores aos das zonas não compactadas, mas com poucas alterações após a passagem das máquinas agrícolas sobre o terreno, em comparação com as zonas superficiais. Além disso, na sementeira direta, registámos valores de resistência penetrométrica quase idênticos nas zonas compactadas e não compactadas, com um ligeiro aumento da resistência após cada passagem da máquina apenas no primeiro horizonte. Para os horizontes de 20-30 cm de profundidade, os valores de resistência penetrométrica são mais elevados, com poucas alterações após a utilização das máquinas. Em conclusão, a compactação afectou sobretudo a porosidade de montagem resultante principalmente da lavoura. Isto contrasta com a sementeira direta, onde o solo é mais resistente à compactação graças à sua porosidade vertical natural (porosidade tubular). Estes resultados foram confirmados por (Vincent Tomis 2021) numa comunicação oral, no âmbito de um projeto de investigação e desenvolvimento agrícola da Agrotransfer Hauts de France.

Análise estatística

3.6.1. Análise estatística das alterações da humidade, da porosidade e da resistência penetrométrica em função da técnica de cultivo e da compactação do solo

A análise estatística das alterações da humidade, da porosidade e da resistência penetrométrica em função da técnica de cultivo e da compactação do solo conduziu aos seguintes resultados:

Quadro 9: Resultados das análises estatísticas :

	H (%)		n (%) (cm).		Rp (kPa)	
	valor de p	Grupo s	valor de p	Grupo s	valor de p	Grupo s
TCNC	NS	A	NS	A	0,008 HS	B
TCC		A		A		A
SDNC		A		A		A
SDC		A		A		A

NS: Não significativo/HS: Altamente significativo

3.6.2. A relação entre Rp, H% e n%.

A análise de regressão múltipla entre a variável dependente Rp e as variáveis independentes H%, n% produziu os seguintes resultados:

Tabela 10: Análise de variância para Rp, H% e n%.

Fonte	DDL	Soma de quadrados	Quadrado médio	F	Pr > F
Modelo	2	41810,271	20905,136	0,954	0,0410
Erro	13	284789,338	21906,872		
Total corrigido	15	326599,609			
Calculado com base no modelo Y=Average(Y)					

Em primeiro lugar, o quadro de análise de variância, que é um resultado que deve ser analisado cuidadosamente. É aqui que testamos se podemos considerar que as variáveis explicativas selecionadas (n) e (H%) contribuem ou não com uma quantidade significativa de informação para o modelo. Por outras palavras, é uma forma de testar se a média da variável a modelar Rp seria suficiente para descrever os resultados obtidos ou não. É utilizado o teste F de Fisher. Dado que a probabilidade associada ao F neste caso é inferior a 0,04, isto significa que corremos um risco de erro inferior a 4% ao concluir que as variáveis explicativas contribuem com uma quantidade significativa de informação para o modelo. Em segundo lugar, é necessário verificar se não existe uma correlação

significativa

2.5.1.4. Efeito na velocidade de infiltração

A velocidade de infiltração da água no solo é de importância vital para a análise das caraterísticas do nosso solo e para a determinação das reservas úteis do solo, de modo a adaptar as doses de água de rega.

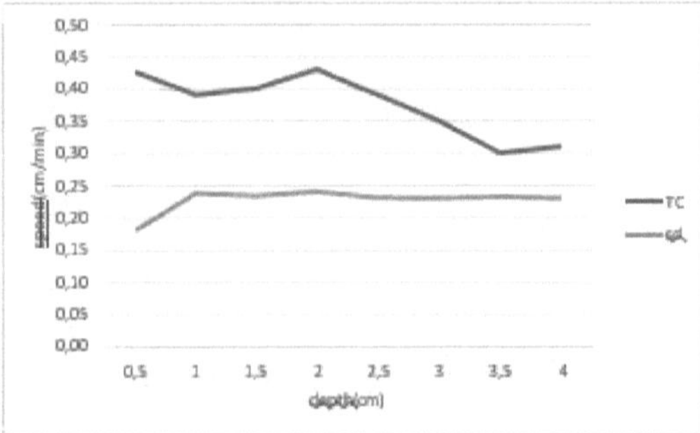

Figura 51: Velocidade de infiltração (cm/min)

O gráfico acima mostra a taxa de infiltração de água em função da profundidade do solo para os dois sistemas de gestão do solo, a sementeira direta (SD) e a lavoura convencional (CT). É evidente que a taxa de infiltração no solo pela CT é inicialmente mais elevada (cerca de 0,42 cm/min a uma profundidade de 0,5 cm), mas diminui gradualmente à medida que a profundidade aumenta. O SD tem uma taxa de infiltração mais baixa e relativamente constante de cerca de 0,20 a 0,22 cm/min em toda a profundidade medida. Com base nestes resultados, podemos concluir que um solo arado e revolvido oferece uma boa infiltração da água de irrigação em comparação com um solo não trabalhado (sementeira direta), mesmo que seja mais sensível à compactação causada pela passagem de máquinas na superfície. O impacto da compactação pode ser visto nos horizontes profundos, onde registámos velocidades de infiltração mais baixas do que à superfície.

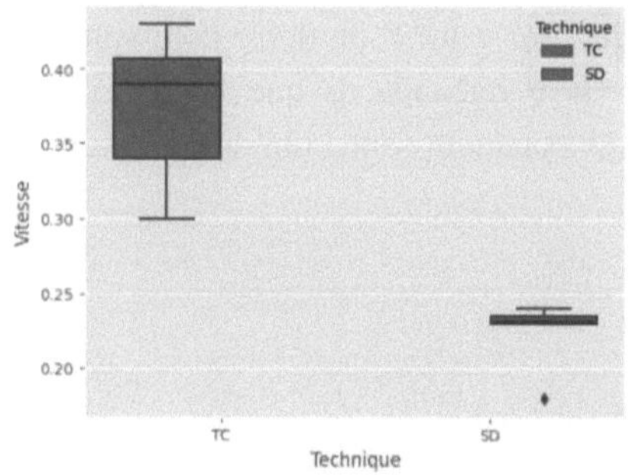

Figura 52: Comparação da velocidade média de infiltração de água entre os sistemas convencional e de plantio direto

- **Análise estatística**

➢ **Teste de normalidade**

Foi efectuado um teste de normalidade para verificar a distribuição normal dos nossos dados sobre as variações da velocidade da água no ensaio experimental em função das técnicas de mobilização do solo. Os gráficos abaixo mostram a distribuição dos dados de velocidade de infiltração da água no solo.

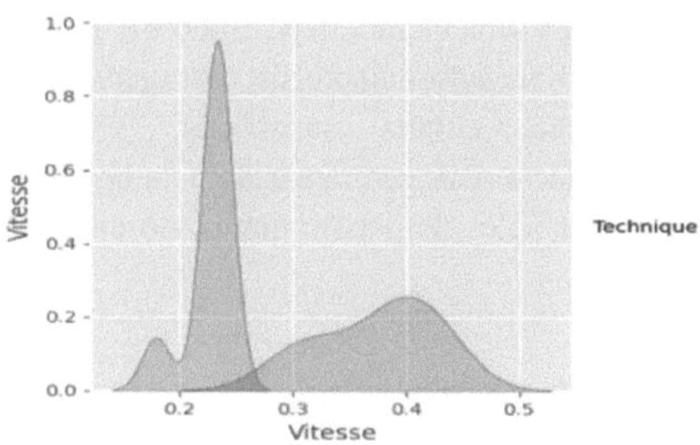

Figura 53: Figura: Variação da taxa de infiltração em função da técnica de lavoura

Para o teste de normalidade, aplicámos o teste Jarque_bera, utilizando a linguagem de programação Python, e o teste deu os seguintes resultados :

```
In [6]: stats.jarque_bera(df['Vitesse'])
Out[6]: SignificanceResult(statistic=1.6523022980202953, pvalue=0.4377308089380214)
```

Figura 54: Ensaio do Jarque bera

O teste Jarque_bera deu um valor P de 0,43. Este valor é superior a 0,05, pelo que a hipótese nula H_0 é rejeitada, o que significa que os dados têm uma distribuição normal. O segundo teste, um teste Anova de um fator, deu os seguintes resultados:

```
In [7]: mod=ols('Vitesse ~ Technique', data=df).fit()
        aov_table=sm.stats.anova_lm(mod,typ=2)
        print(aov_table)

             sum_sq    df          F    PR(>F)
Technique  0.087271   1.0  61.551555  0.000002
Residual   0.019850  14.0        NaN       NaN
```

Figura 55: Teste Anova

A análise de variância é um resultado que deve ser analisado com cuidado. É a este nível que se testa se podemos considerar que a variável explicativa selecionada (taxa de infiltração) fornece ou não uma quantidade significativa de informação ao modelo. Por outras palavras, é uma forma de testar se a média da variável a modelar (taxa de infiltração) é suficiente para descrever os resultados obtidos ou não. Dado que o valor de p é inferior a 0,05, um resultado muito significativo (0,000002), podemos afirmar que a técnica de mobilização tem um impacto muito forte na velocidade de infiltração da água no solo.Os resultados do nosso ensaio sobre a velocidade de infiltração da água e as análises estatísticas confirmam que a mobilização convencional favorece a infiltração da água em comparação com a sementeira direta, embora a TC seja mais suscetível à compactação devido ao elevado número de passagens de máquinas sobre a parcela (lavoura, aração, cultura superficial, sementeira, tratamento fitossanitário, etc.). Este facto pode ser explicado pela boa porosidade dos solos lavrados, enquanto que os solos de plantio direto são compactos e impedem a infiltração da água.

2.5.1.5. Efeito na atividade microbiana

O histograma abaixo compara o número de bactérias no solo, expresso em unidades formadoras de colónias por mililitro (ufc/ml), em duas condições de gestão: lavoura convencional (CT) e lavoura semi-direta (SD). O eixo vertical representa o número de bactérias (ufc/ml), variando de 0 a 10.

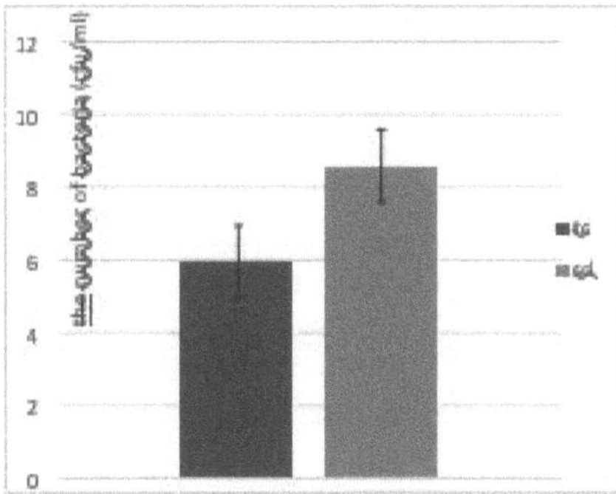

Figura 56: Contagem de bactérias

O solo na condição SD contém cerca de 9 ufc/ml de bactérias, enquanto o solo na condição TC contém cerca de 6 ufc/ml. Esta diferença significativa é de 3 ufc/ml. É evidente que o plantio direto favorece a atividade microbiana em relação ao plantio convencional.

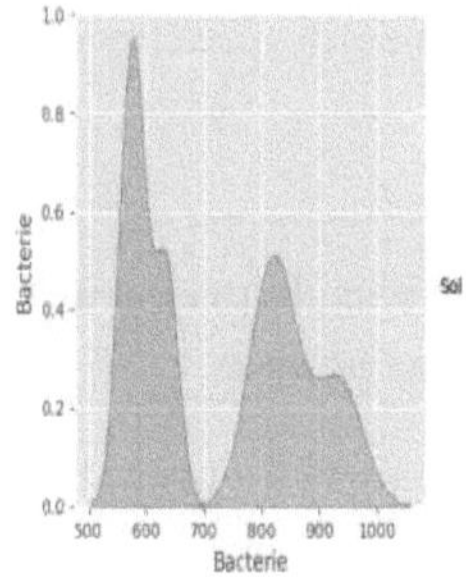

Figura 57: Distribuição dos dados de contagem bacteriana para o ensaio experimental

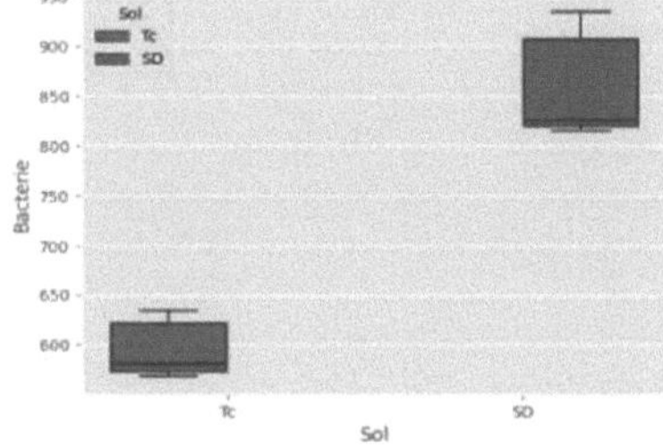

Figura 58: Comparação do número médio de bactérias entre os sistemas de plantio convencional e plantio direto

- **Análise estatística Teste Anova :**

```
In [3]: mod=ols('Bacterie ~ Sol', data=df).fit()
        aov_table=sm.stats.anova_lm(mod,typ=2)
        print(aov_table)

                 sum_sq    df          F    PR(>F)
Sol       208560.333333   1.0  94.233324  0.000002
Residual   22132.333333  10.0        NaN       NaN
```

Figura 59: Teste Anova

A tabela de análise de variância é um meio de testar se a média da variável a ser modelada, o número de bactérias no solo, é suficiente para descrever os resultados obtidos ou não. Dado que o valor de p é inferior a 0,05, podemos dizer que a técnica de lavoura tem um impacto muito forte na contagem de bactérias do solo.

A partir dos resultados obtidos, podemos concluir que a técnica de cultivo com ou sem lavoura afecta a estrutura do solo, o teor de água, a disponibilidade de nutrientes e a temperatura, que influenciam a atividade bacteriana. A lavoura perturba a estrutura do solo ao revolver as camadas superiores, o que perturba os microrganismos e conduz a uma redução a longo prazo da diversidade microbiana. A sementeira direta, por outro lado, preserva a estrutura natural do solo, mantendo camadas distintas de matéria orgânica e promovendo habitats mais estáveis para as bactérias.

2.8. Efeito combinado das técnicas de preparação do solo e da compactação do solo no desenvolvimento das plantas

2.8.1. Efeito combinado de técnicas de preparação do solo e compactação do solo na taxa de emergência e no número de espigas/m².

Os resultados do efeito combinado das técnicas de preparação do solo e da compactação do solo sobre a Tallage/m² e a espiga/m² são apresentados nas figuras seguintes:

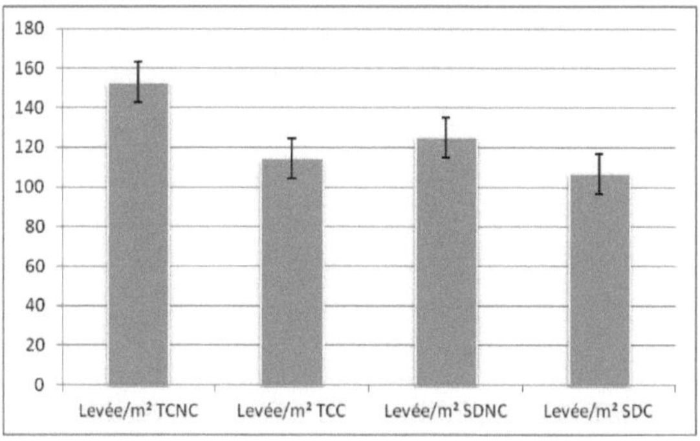

Figura 60: Efeito combinado das técnicas de preparação do solo e da compactação do solo na taxa de emergência

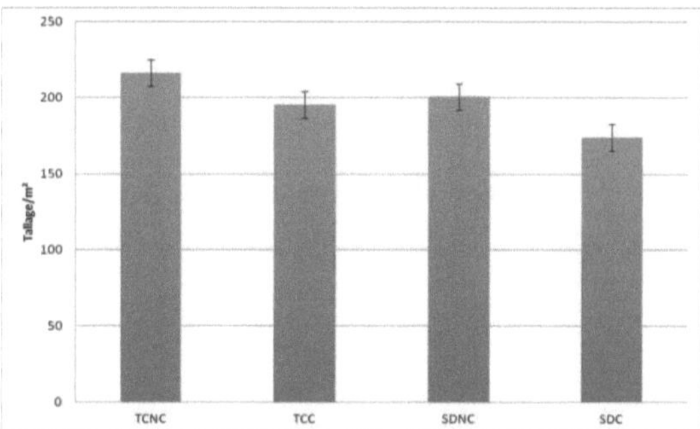

Figura 61: Efeito combinado das técnicas de preparação do solo e da compactação do solo no perfilhamento/m^2.

Os resultados mostram claramente que a técnica de cultivo e a compactação têm um efeito sobre a taxa de emergência e o número de espigas por metro quadrado. Os solos lavrados convencionalmente e sem compactação apresentaram um bom perfilhamento em comparação com os solos lavrados e compactados, onde houve uma diferença de 30 plantas/m^2 entre os dois casos. O número de espigas em solos não compactados e compactados convencionalmente foi de cerca de 220 plantas/m^2 e 190 plantas/m^2 respetivamente. Para a semeadura direta, a observação é a mesma, pois a taxa de perfilhamento e o número de plantas/m^2 é claramente maior em solos não compactados, onde registramos 200 plantas/m^2, e 165 plantas/m^2 em áreas compactadas.

2.8.2. Efeito combinado das técnicas de preparação do solo e da compactação do solo no comprimento e diâmetro do caule

Efeito combinado das técnicas de preparação do solo com a compactação do solo ao longo do comprimento mostrado na figura seguinte:

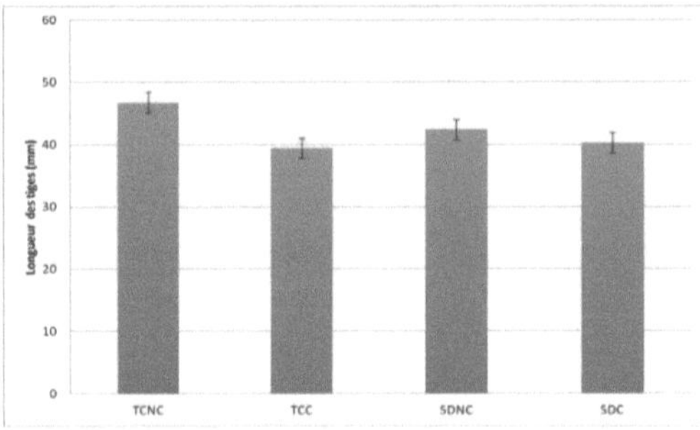

Figura 62: Efeito combinado das técnicas de preparação do solo e da compactação do solo no comprimento do caule

O efeito combinado das técnicas de preparação do solo e da compactação do solo no diâmetro das espigas é mostrado na figura seguinte:

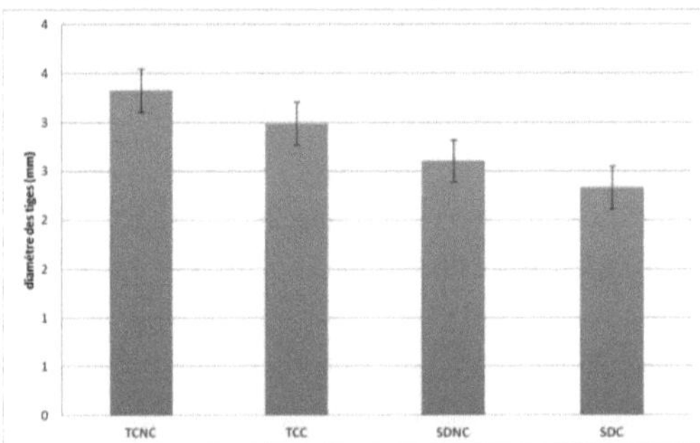

Figura 63: Efeito combinado das técnicas de preparação do solo e da compactação do solo no diâmetro da espiga

Os resultados obtidos no campo mostram que existe um efeito no comprimento e no diâmetro do caule. Estes últimos são claramente superiores nos solos trabalhados convencionalmente e não compactados, com valores em solos não compactados e compactados convencionalmente de cerca de 47 cm, 39 cm e 3,3 mm, 2,95 mm, respetivamente. Para a sementeira direta, a observação é a mesma, pois o comprimento dos caules é claramente maior nos solos não compactados do que nos solos compactados, onde registámos 42,5 cm, 40 cm e

2,6 mm 2,2 mm respetivamente.

2.8.3. Efeito combinado das técnicas de preparação do solo e da compactação do solo no número de grãos por espiga e no peso de 1000 grãos

O efeito combinado das técnicas de preparação do solo e da compactação do solo no número de grãos por espiga é mostrado na figura abaixo:

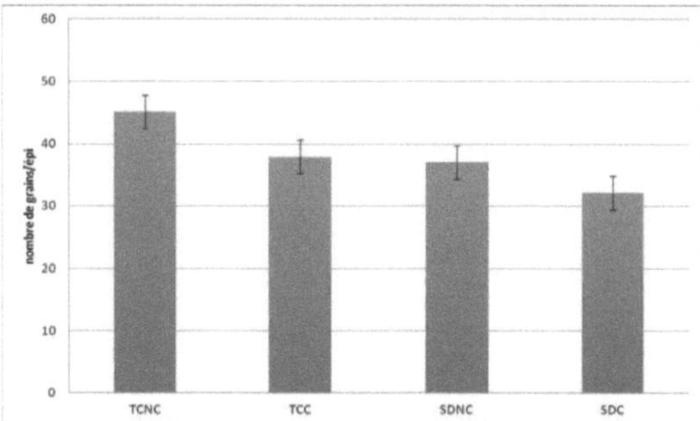

Figura 64: Efeito combinado das técnicas de preparação do solo e da compactação do solo no número de grãos por espiga

O efeito combinado das técnicas de preparação do solo e da compactação do solo no peso de 1000 grãos por espiga é mostrado na figura seguinte:

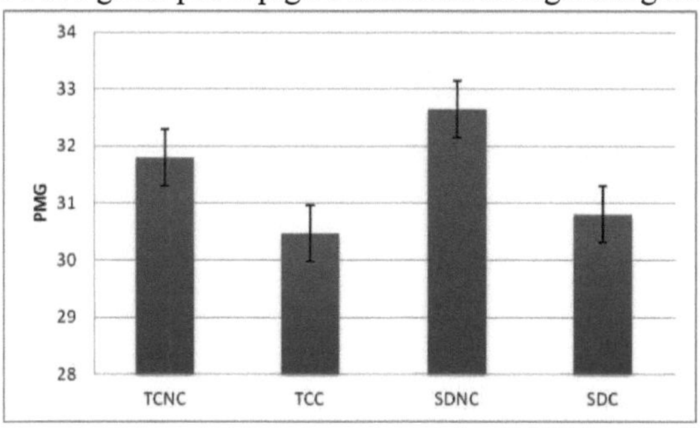

Figura 65: Efeito combinado das técnicas de preparação do solo e da compactação do solo no peso de 1000 grãos.

A primeira coisa que podemos ver nas duas figuras acima é o efeito da técnica de cultivo e da compactação sobre o número de grãos por espiga e o peso de mil grãos. Na primeira figura, verifica-se que o número de grãos por espiga é ligeiramente melhor para as parcelas trabalhadas e não compactadas, o valor médio registado para a TCNC e TCC é de 45 grãos/espiga e 37 grãos/espiga respetivamente, enquanto que o obtido para a sementeira direta é de 36 grãos/espiga e 32 grãos/espiga nas parcelas não compactadas e compactadas respetivamente. Na segunda figura, verifica-se que o peso de 1000 grãos é muito melhor nas parcelas trabalhadas do que nas não compactadas. O valor médio registado para TCNC e TCC é de 32,6 g e 30,8 g respetivamente, enquanto que o obtido para a sementeira direta é de 33,1 g e 31,5 g nas parcelas não compactadas e compactadas respetivamente.

CONCLUSÃO

Em conclusão, podemos dizer que a técnica de lavoura e a compactação dos solos agrícolas têm um efeito direto no desenvolvimento da cevada e no seu crescimento radicular. Nas parcelas lavradas sem compactação (TCNC), a estrutura do solo é criada principalmente pelas operações de lavoura, enquanto que nos sistemas de plantio direto (semeadura direta) a estrutura é criada principalmente pela ação do clima (na superfície em regiões temperadas) e por processos biológicos.No entanto, a compactação artificialmente criada nas parcelas lavradas e nas parcelas semeadas manifesta-se em camadas superficiais de solo que secam rapidamente e têm uma maior resistência à penetração, o que impede uma boa emergência e perfilhamento, e também impede um bom desenvolvimento das plantas à superfície, bem como um bom desenvolvimento radicular, em comparação com solos lavrados e não compactados. Isto pode levar a uma série de condições de crescimento desfavoráveis durante o período de desenvolvimento da cultura em solos compactados. Podemos concluir que a lavoura convencional perturba a estrutura do solo ao quebrar os agregados, o que favorece a rápida infiltração da água à superfície. Este facto corresponde ao aumento inicial da velocidade observado. No entanto, para os horizontes mais profundos, pode ocorrer uma compactação sob a zona trabalhada, reduzindo a porosidade do solo e limitando ainda mais a penetração da água. Este facto explica a diminuição gradual da velocidade de infiltração da água. A sementeira direta favorece uma maior abundância de bactérias em comparação com a lavoura convencional. Embora o aumento da população bacteriana seja geralmente considerado benéfico, o seu impacto na produtividade agrícola pode variar. Estudos demonstraram que os efeitos da sementeira semi-direta nos rendimentos dependem das condições climáticas e das práticas de gestão. No entanto, uma estrutura com baixa porosidade devido à compactação após a lavoura tem um efeito negativo no desenvolvimento das raízes das plantas e das culturas e no rendimento.

REFERÊNCIAS

Aikins, S., Afuakwa, J., 2012. Efeito de quatro práticas de lavoura diferentes nas propriedades físicas do solo sob feijão-caupi. Agric. Biol. J. N. Am. 3, 17-24.

Amara, M., Boudhar, L., Adli N., Feddal, M.A., 2008. Evolução da resistência penetrométrica do solo em função da humidade e da porosidade, sob a ação dos elementos de trabalho de uma linha convencional de preparação do solo.
Vol. 2, n° 1 e 2 - janeiro-dezembro de 2008, Science et technique, Sciences appliquées et Technologies. Burkina Faso.

Augustin, K., Michael, K., Joachim, B., Rainer, D., 2020. Carga de roda e frequência de passagem de roda como indicadores de risco de compactação do solo: uma análise de quatro anos da intensidade do tráfego em escala de campo. Geociências 2020, 10(8), 292; https://doi.org/10.3390/geosciences10080292.

Batey, T., 2009. Compactação do solo e gestão do solo - uma revisão. Soil Use and Management, dezembro de 2009, 25, 335-345.

Bessou, C., Ferchand, F., Gabrielle, B., Mary, B., 2010. Biocombustíveis, efeito de estufa e alterações climáticas. Uma revisão. Agronomia para o desenvolvimento sustentável. 31. 1-79.

Bessou, C., Mary B., Leonard, J., Roussel, M., Gréhan, E., Gabrielle, B., 2010. Modelação dos impactos da compactação do solo nas emissões de óxido nitroso em campos aráveis. Jornal Europeu de Ciência do Solo 61 (3), 348-363.

Botta, G.F.; Tolón-Becerra, A.; Bienvenido, F.; Rivero, D.; Laureda, D.A.; Ezquerra-Canalejo, A. 2018; Contessotto, E.E. Colheita de girassol (Helianthus annuus L.): Efeitos do tráfego do trator e do perseguidor de grãos na compactação do solo e no rendimento das culturas. Land Degrad. Dev. 29, 4252-4261.

Chabane, M., Boussard, J., 2012. A produção de cereais na Argélia: Das realidades de hoje às perspetivas estratégicas de amanhã. [Outro], 20 p.

Derpsch, R., Friedrich, T. 2009. Development and Current Status of No-till Adoption in the World [Desenvolvimento e Situação Atual da Adoção do Plantio Direto no Mundo]. In Proceedings of the 18th Triennial Conference of the International Soil Tillage Research Organization (ISTRO), Proceedings on

CD, Izmir, Turkey, 15-19 June; pp. 1-13.

Ernst, G., Emmerling, C., 2013. Impacto de cinco sistemas de lavoura diferentes no conteúdo de carbono orgânico do solo e na densidade, biomassa e composição da comunidade de minhocas após um período de dez anos. Eur. J. Soil Biol. 45, 247-251.

Guy, R., 2012. Avaliação e controlo do risco de compactação, da parcela ao território nacional. Inovações Agronómicas, INRAE, 21, pp.45-57.

Lefebvre, A., 2010. Espacialização dos modelos hidromecânicos de funcionamento do solo aplicados à previsão dos riscos de colonização à escala da França. Tese Doc. INRA Orléns. 267 P.

Moinfar, A., Shahgholi, G., Abbaspour-Gilandeh, Y., Herrera-Miranda, I., Hernández-Hernández, J.L., Herrera-Miranda, M., 2021. Investigando o efeito do tipo de sistema de acionamento do trator no comportamento do solo sob os pneus do trator. Agronomia, 11, 696.

Nawaz M., Bourrié G., Trolard F., 2013. Impacto e modelação da compactação do solo. Uma revisão. Agronomia para o Desenvolvimento Sustentável;33:291-309.

Orzech, K., Załuski, D., 2020. Efeito de culturas companheiras e sistemas de rotação de culturas em algumas propriedades químicas do solo. J. Elem, 25, 931-949.

Roger-Estrade J., Adamiade V., Arrouays D., Bartoli M., Baranger E., et al., 2011. Degradação física dos solos agrícolas e florestais devido à compactação
: principais resultados do projeto GESSOL ADD-DST. Etude et Gestion des Sols, Association Française pour l'Etude des Sols, 18 (3), pp.187-199.

Schjønning, P., (2018). O papel da matéria orgânica do solo para manter o rendimento das culturas: evidências para uma base conceitual renovada. Em: Avanços em agronomia, vol.
150, Elsevier, Nova Iorque, pp 35-79.

Shah, A., Tanveer M., Shahzad B., Yang G., Fahad S., Ali S., Bukhari A., Tung A., Hafeez, A., Souliyanonh, B., 2017. Efeitos da compactação do solo na saúde do solo e na produtividade das culturas: uma visão geral. Investigação em Ciências Ambientais e Poluição;24:10056-10067

Somasundaram, J.; Chaudhary, R.S.; Awanish Kumar, D.; Biswas, A.K.; Sinha, N.K.; Mohanty, M.; Hati, K.M.; Jha, P.; Sankar, M.; Patra, A.K.; et al, 2018. Efeito do contraste lavoura e sistemas de cultivo na agregação do solo, pools de carbono e carbono associado a agregados em Vertisols de sequeiro. Eur. J. Soil Sci. 69, 879-891.

Wozniak, A., 2020. Efeito de vários sistemas de lavoura no rendimento da cevada de inverno, infestação de ervas daninhas e propriedades do solo. Appl. Ecol. Environ. Res. 18, 3483-3496.

MIX
Papier aus verantwortungsvollen Quellen
Paper from responsible sources
FSC® C105338

Printed by Books on Demand GmbH, Norderstedt / Germany